新手也能做！可爱！

糖霜饼干

甜美造型
136

U0385762

（日）小仓千纮　田中美加　村山枝里　著

张岚　译

辽宁科学技术出版社

CONTENTS

糖霜饼干的
基本教程

利用常见模型&基本技巧
来制作糖霜饼干

3

3人特制糖霜饼干

4

特别日子的糖霜饼干礼物

本书使用方法

【关于说明内容】

● 计量勺的大小为：1大勺=15mL，1小勺=5mL。

● 使用烤箱的时候，每次都要把烤箱预热到指定温度。

书中提示的烘焙时间与温度仅供参考，请根据实际情况进行调节。

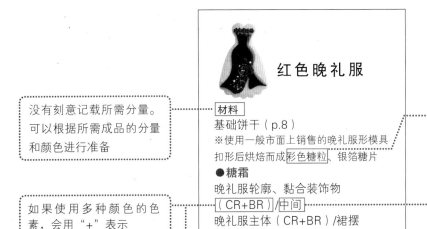

没有刻意记载所需分量。可以根据所需成品的分量和颜色进行准备

如果使用多种颜色的色素，会用"+"表示

红色晚礼服

材料
基础饼干（p.8）
※使用一般市面上销售的晚礼服形模具
扣形后烘焙而成彩色糖粒、银箔糖片

● 糖霜
晚礼服轮廓、黏合装饰物
（CR+BR）/中间
晚礼服主体（CR+BR）/裙摆
玫瑰花（TP）/中间

如果使用点缀小物、糖粒、糖霜片或裱花嘴，会标注出来

糖霜片的参考硬度会用"硬质"、"中间"、"软质"进行标注（请参考p.11）

成品糖霜饼干上使用的糖霜配色在这里标注。糖霜配色时使用的食用色素为"wilton公司出品的13色套装色素"。材料表中只记载简称。

黑色（BL）、橙色（OR）、金黄（GY）、天蓝（SB）、品蓝（RB）、紫罗兰（VL）、棕色（BR）、粉色（PI）、圣诞红（CR）、酒红（BD）、嫩绿（LG）、深绿（KG）、墨绿（MG）

另外，制作基础糖霜时一般使用白色（WH）色素，黑色配件基本使用黑色可可粉（BC）或竹炭粉（TP）。

【关于晾干时间】

把糖霜涂抹在饼干表面以后，基本需要半天至1天才能完全干透。而具体的晾干时间会由于操作过程中的温度、湿度、涂抹范围、糖霜软硬程度等因素发生变化。如果表面光泽消失、用手轻触也不会留下手印，就已经晾干好了。

【食用时】

如果把糖霜饼干放在有晾干剂的密封容器中保存，保鲜期可以持续1周时间，但还是请尽早食用吧。另外，糖制品晾干以后会越来越硬，小心不要硌到牙齿。

糖霜饼干的
基本教程

请通过本章内容掌握基础饼干、糖霜的制作方法，以及糖霜描画方法。
这里浓缩了很多巧妙制作的技巧，掌握以后，就请自由自在地描绘出自己喜欢的饼干款式吧。

基本工具

制作糖霜饼干的时候需要一系列的工具，本书中只列举基本种类。开始着手前准备好必要的工具，能事半功倍。

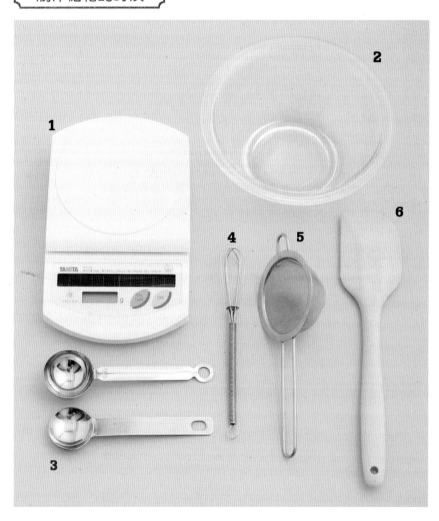

1 秤

有时需要称量晾干蛋白或糖粉，所以选择数显精确的电子秤比较方便。

2 盆

玻璃盆或不锈钢盆均可。直径约15cm的小盆比较便于使用。

3 计量勺

称量液体分量的时候使用。大勺容量为15mL，小勺容量为5mL。

4 打蛋器

搅拌材料的时候使用。推荐方便使用的小型打蛋器。也可用大一点儿的叉子代替。

5 茶滤

过滤蛋白液的时候使用。

6 橡皮刮刀

把糖霜全部集中到盆中间的时候使用。

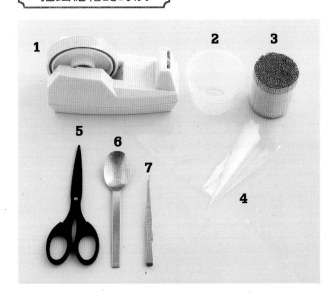

1 透明胶带

制作裱花卷筒的时候使用。

2 小杯子

给糖霜上色的时候使用。常常一次需要准备多种颜色，所以多准备一些小杯子比较安心。

3 竹签

给糖霜上色时，描绘纤细的糖霜花纹的时候使用。

4 OPP膜

制作裱花卷筒的时候使用。在点心用品商店或包装材料店均可入手。请剪成所需要的大小。

5 剪刀

剪切裱花带头部的时候使用。刀口越尖细越好。

6 勺子

溶解晾干蛋白或把糖霜装入裱花卷筒的时候使用。

7 小镊子

把糖粒等纤小的装饰物、糖片放置到饼干上的时候使用。

制作饼干的时候

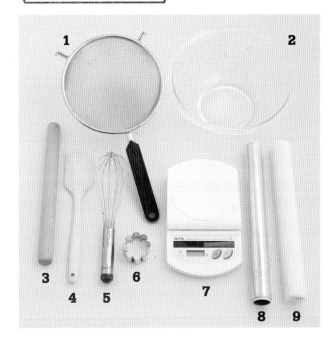

1 粉筛

粉类过筛的时候使用。低筋面粉和可可粉均需要过筛、消除硬块以后才可以使用。

2 盆

玻璃盆或不锈钢盆均可。直径约20cm的盆更为理想。

3 擀面杖

擀面片的时候使用。

4 橡皮刮刀

把面坯集中在一起的时候使用。

5 打蛋器

搅拌材料的时候使用。推荐使用不锈钢制、手柄结实的款式。

6 模型

面坯扣形的时候使用。自己制作模型的方法请参考p.9。

7 秤

能精确到1g的电子数显秤更为理想。薄而轻巧的款式方便收藏。

8 保鲜膜

擀面片的时候用保鲜膜隔一下，会方便很多。

9 烘焙纸

把烘焙纸铺在烤盘上之后再摆放饼干面坯，烘焙后就能轻松取下了。

2 饼干制作方法

首先，尝试制作最基本的饼干吧。按照以下配方操作，可以烘焙出质地紧致的饼干。比较适合用来在上面描绘糖霜或添加花式点缀。

原味饼干

材料（约20cm×20cm的面坯 3个）

低筋面粉…400g

黄油（无盐）…200g

细砂糖…180g

鸡蛋…1个

准备

● 黄油在室温环境中自然软化。
● 鸡蛋恢复至室温。
● 低筋面粉过筛。

需要保存时

面坯

完成第**6**个制作步骤后放入保鲜袋，然后可以在冷冻室内保存1个月的时间。再次使用时从冰箱取出，自然解冻即可。

饼干

与晾干剂一起放入密封容器中，常温环境下可保存1周左右。

干燥剂

1

盆内放入黄油，用打蛋器搅拌，让空气被包裹在黄油里。

↗ 这里需要好好搅拌

2

加入细砂糖，划动搅拌至整体蓬松发白。

↗ 如果一次性加入蛋液，黄油会发生油水分离现象

3

把打散的蛋液分2~3次加入盆中，每次都要充分搅拌。

↗ 这里不需要很仔细，粗略搅拌即可

4

加入低筋面粉，用橡皮刮刀粗略搅拌。

5

干粉逐渐消失以后，用手整理出一个平滑的面团。

↗ 冷藏后更容易擀开

6

用保鲜膜包裹起来，放入冰箱冷藏1小时。

7

把**6**的面坯分成2~3份，取其中一份用一大张的保鲜膜盖住。擀面片之前，先用擀面杖把面团推压得薄一些。

8

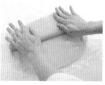

用擀面杖把面片厚度擀到5mm左右。

9

摘掉上面的保鲜膜，用模型扣形。放入预热到170~175℃的烤箱中烘焙15~20分钟。烘焙之后放到冷却网上自然冷却。

扣形以后剩余的面坯

集中到一起以后，重新扣形。如果面坯已经变软难以扣形的话，放入冰箱冷藏一段时间即可。

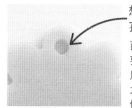

想要在饼干上刺孔时

面坯扣形后，如果需要刺出小洞，可以使用竹签。如果要刺出大一点儿的孔，可以使用吸管。

用吸管！

用竹签！

※竹签刺洞时，随着烘焙温度的提高，面坯会渐渐膨胀，这样就难免把小洞再次填平。所以需要开始烘焙6分钟以后，再重新刺一次洞。

插插插

烘焙大号饼干时

烘焙前用叉子刺出2~3处小洞，可以有效防止边缘上翘。只有平整出炉的饼干才适合用来描绘糖霜。

可可饼干

把原味饼干所需的400g低筋面粉变成385g低筋面粉+15g黑可可粉，共同过筛后使用即可。做法与原味饼干相同。

※使用普通可可粉时，配方需要变成350g低筋面粉+50g可可粉

猫咪上面：典雅高贵♪

饼干模型制作方法

寻觅不到理想的模型，可以找来型纸自己制作啊。如果面坯软塌塌难以切割，放到冰箱里冷藏一段时间就好了。

1

这就是原创的饼干模型！

2

3

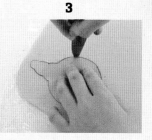

把透明文件夹（塑料透明文具）剪成2个单片，把喜欢的型纸放在上面。用油性马克笔描出轮廓。

用剪刀剪切下来。

把模型放在饼干面坯上，用小刀沿着模型轮廓小心地把面坯刻下来。

糖霜制作方法

基础白色糖霜使用晾干蛋白、糖粉、水混合在一起制作而成。可以一次多做一些，然后分开来调整各自的硬度和颜色。

材料（约250mL）

糖粉…200g

晾干蛋白…5g

水…2大勺

晾干蛋白

经过加热处理，成为粉末状的蛋白。使用方便，易于保管。可以在点心材料商店买到。

保存的时候

在这样"硬质"的状态下装入密封容器，盖上湿润的厨房纸后放在冰箱内保存。保鲜期可持续1周，但请尽早使用。使用时需要充分搅拌。

基本没有硬块为止

1

晾干蛋白中加入水，用勺子充分搅拌。静置10分钟以后再搅拌一次。

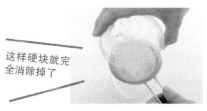

这样硬块就完全消除掉了

2

用茶滤过滤。

3

在另一个盆中放入糖粉，中间留一个小小的凹槽。把 **2** 的蛋白液倒在凹槽处。

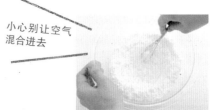

小心别让空气混合进去

4

打蛋器头部抵在盆地，画圈搅拌。如果黏度很高难以搅拌，可以使用叉子来搅拌。

5

整体润滑的时候就完工啦。这就是"硬质"的浓度。

糖霜硬度的调整方法

用糖霜涂抹饼干表面、描绘模样的时候，可以把糖霜的硬度分成"硬质"、"中间"、"软质"三种模式。
首先从最基本的"硬质"开始，根据个人喜好调整软硬程度吧。

硬质

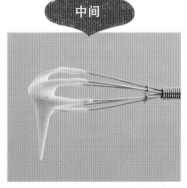

中间

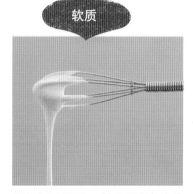

软质

左页中出现的基本硬度即为"硬质"的程度。适用于描绘面部等线条清晰的部位。另外用裱花卷筒来挤小花朵的时候，也选择这种硬度。

提起打蛋器时，会缓慢流淌下来的程度。适用于描绘轮廓线条，或用来把糖片黏在饼干上。

提起打蛋器时，会稀里哗啦流淌下来的程度。适用于面积较大的平面填充。

※如果用过于稀软的糖霜来填充非常狭窄的区域，会导致干透以后表面发生凹陷。这样的场合请使用"比中间略稀软一点儿"的糖霜。

还有用面包刀搅拌的方法哦！
从冰箱中取出已经冷藏一段时间的糖霜，准备再次搅拌时，给硬质的糖霜上色时，可以在菜板等平坦的地方用面包刀来搅拌哦。

调整硬度的时候

软化时可以一边缓缓蛋白液（请参考p.10做法中的第 **1**、**2** 步骤），一边搅拌。如果没有蛋白液，也可用水替代。硬化时可以加入少量糖粉。

4 上色方法

把各种颜色的色素加入到白色的糖霜中，增添糖霜颜色。
先把需要的各色糖霜准备好，之后的工作将更顺利。

本书中使用的食用色素
Wilton公司出品的食用色素。啫喱状色素很容易调和，即使只用一点点也能均匀分散开，做出颜色漂亮的糖霜。

使用粉末状食用色素时
加入少量的水，搅拌至粉末完全溶化，然后同样少量地加入到基础白糖霜中。

观察糖霜颜色变化，逐次加入少量糖霜 **1**

按照所需的分量把糖霜分成几份，再用竹签加入少量色素。

秘诀在于"不要打出气泡" **2**

搅拌至颜色均匀。如果糖霜中混入空气，稍后涂抹在饼干上的时候就会出现孔洞或断线。请小心。

一次多做一些
再做出完全一样的颜色非常困难。所以请极力避免分量不够的问题，还是多做一些更安心。

不能马上使用时
避免晾干，上面可以盖一条湿毛巾，然后用保鲜膜包裹住。

制作纯黑糖霜的场合

除了黑色食用色素外，还可使用黑可可粉或竹炭粉调制出纯黑的糖霜。它们的颗粒都很细腻，直接加入到白色糖霜中调和即可。

使用这个！

使用黑可可粉（BC）
比一般的可可粉成色更浓重漆黑。

或者

使用竹炭粉（TP）
细小的竹炭粉末，可食用。无臭无味。

1

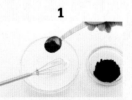

适量加入到基础白色糖霜中，快速搅拌。

如果过于黏稠，可以加水调节！ **2**

继续逐次少量添加到理想的颜色，搅拌至出现光泽。

本书中使用的基础颜色

本书中共使用到14种基础颜色，再用这些颜色组合出各种各样的颜色，描绘在饼干上。

※（ ）中是每种颜色的简称。
※除以下基础颜色之外，还使用到了左页中介绍的、用黑可可粉（BC）或竹炭粉（TP）制成的纯黑色。

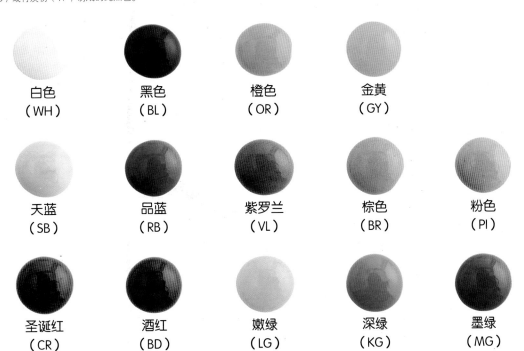

白色
（WH）

黑色
（BL）

橙色
（OR）

金黄
（GY）

天蓝
（SB）

品蓝
（RB）

紫罗兰
（VL）

棕色
（BR）

粉色
（PI）

圣诞红
（CR）

酒红
（BD）

嫩绿
（LG）

深绿
（KG）

墨绿
（MG）

※没有酒红食用色素时，可以把圣诞红+紫罗兰混合在一起试试看。

如何实现完美上色
就像用画具调色一样，逐步加入少量的色素，最后形成理想的颜色。少加一些黑色或棕色，调整色调强度，这样就能出现成熟稳重的轻熟风色彩。

5 裱花卷筒制作方法

裱花卷筒是描绘糖霜时必不可少的工具。把OPP膜剪成三角形，卷成圆锥状即可。如果要装配裱花嘴，还是使用普通市面销售的裱花袋更方便一些。

※为了清晰易懂，图片中均使用普通白纸演示。实际应使用透明的OPP膜。

制作裱花卷筒

1

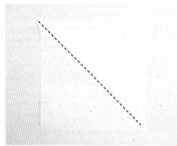

取一张边长15~20cm的正方形OPP膜，沿对角线对折、剪开。

2

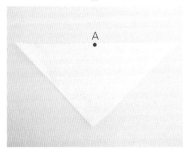

沿对角线剪开以后的状态。

3

以长边中点A（这里将成为出口）为顶点，把OPP膜卷起来。

别忘了确认卷筒头部是否坚挺！

4

调整裱花卷筒头部，使其尖挺，然后把另一端OPP膜也卷起来。

5

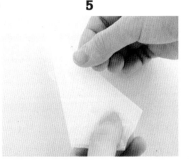

卷好以后用透明胶固定。

卷筒的大小

根据所需糖霜的分量判断。可以做大小不同的卷筒，区分使用。

中断操作时

卷筒头部一旦晾干，则会导致堵塞。可以用湿润的毛巾包裹住卷筒头部，再次使用前别忘了先把晾干的糖霜排挤出来。

装入糖霜

1

用勺子，把充分搅拌好的糖霜装入到裱花卷筒中。

2

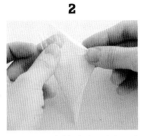

把用透明胶粘贴的一侧面对自己，轻轻整理糖霜、排空里面的空气。把卷筒右侧斜着折到反方向。

3

左侧也同样，向后折过去。

4

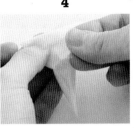

向透明胶的反向多卷几层，最后用透明胶固定住。

装好以后是这个样子的！

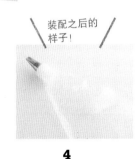

装配裱花嘴的场合

方便的小工具

裱花袋

使用时不会发生侧漏，非常安心。分为一次性裱花袋和可以反复使用的可洗裱花袋。

装配口

提前装配到裱花袋上，就算裱花袋里面有糖霜也能轻松方便地更换裱花嘴。

装配之后的样子！

1

在裱花嘴头部剪出一个小口，装配裱花嘴。

2

打开裱花袋的开口、翻开边缘处，装入糖霜。

3

把**2**中翻开的边缘处复原，向下挤压糖霜。

4

用橡皮筋固定裱花袋多余的部分，或者直接打结。

基本绘图法

作为最基本的内容，需要掌握线条、点、面等的描绘方法。这几种画法组合在一起，花样的种类会一下子扩展开。

剪开裱花卷筒的头部

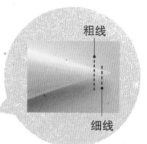

粗线

细线

用剪刀在头部剪出一条笔直的切口。请根据需要的线条粗细，调整剪切的位置。

持有卷筒的方法

基本上与拿铅笔的姿势相同

拇指和食指捏住卷筒，把中指垫在下面。一边挤压透明胶贴合的部分，一边挤出糖霜线条。

描绘图案

线条

1

糖霜出来以后，慢慢地轻轻抬起卷筒。

2

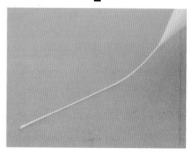

沿着绘图方向移动卷筒，最后慢慢把卷筒停顿在饼干表面。结束绘图。

圆点

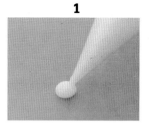 

1 卷筒与饼干保持垂直，挤出糖霜。

2 达到理想大小以后，像写"の"一样螺旋式提起卷筒。

如果出现小犄角

用湿润的毛笔轻轻涂一下点的表面，将其整理平整。

浪线

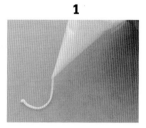 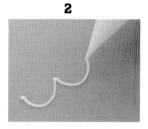 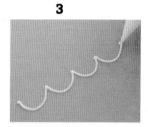

1 糖霜出来以后，提起卷筒画出半圆形。

2 半圆结束时，卷筒的头部先着地一次，然后重新提起卷筒画第二个半圆。

3 最后，缓缓把卷筒头部落下来。结束绘画。

小波纹

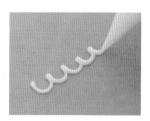

稍微提起卷筒头部，描绘短小的浪线。

水滴

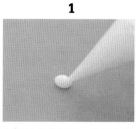 

1 与描绘点状相同，卷筒与饼干保持垂直，挤出糖霜。

2 然后向后拉卷筒，留下小尾巴形状。

在表面描绘

1

沿着饼干的外边缘，选择中间一软质程度的糖霜画出轮廓。

需要半天至1天的时间才能完全干透 **2**

晾干以后，在轮廓内侧涂满软质糖霜。要满满地涂抹均匀，完全覆盖住饼干的表面。

在糖霜上叠加花色

条纹

糖霜出来以后，慢慢地轻轻抬起卷筒画出线条，最后慢慢把卷筒停顿在饼干表面。

圆点

卷筒与饼干保持垂直，挤出糖霜。达到理想大小以后，像写"の"一样螺旋式提起卷筒。

翅膀

1 画出条纹。

2 立即用竹签在条纹的垂直方向轻轻划一下。

心形

1 画出圆点。

2 立即用竹签在圆点中央轻轻划一下。

"有、无"凸凹的模样

在表面涂好基础糖霜后立即描绘其他花纹，就会成为平坦无凸凹的模样。

相反，如果等大面积糖霜完全晾干以后再描绘其他花纹，就能呈现出凸凹有致的立体模样。

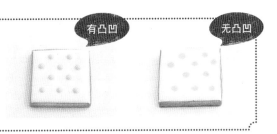

有凸凹　　无凸凹

在糖霜上面点缀装饰物

细砂糖

趁糖霜没有变干之前，用勺子把细砂糖盛到上面。糖霜完全晾干以后，用刷子等工具扫掉上面多余的细砂糖。

糖粒

用糖霜在饼干上画出小圆点，用镊子把糖粒摆放在圆点上，黏牢。如果图案较大，可以把糖霜涂在装饰物上再黏牢。

轻松装饰！

装饰小物

介绍几种简单的装饰材料，每一种都能简单地把糖霜饼干装扮得可爱甜蜜。

1 彩糖（心形）
2 彩糖（星星）
3 彩糖（普通）

形状、颜色的种类多种多样。

5 糖粒（银色）
6 糖粒（金色）

银色或金色的颗粒状糖球。还有其他颜色和形状。大小也不尽相同。

4 椰蓉

想要呈现出朦胧柔和的效果时可以用到。有条状、颗粒、粉末等多种形态。

7 银箔纸

闪亮的质地总是呈现出华美的姿态。还有不同颜色的金箔纸。

7 裱花嘴使用方法

利用裱花嘴可以描绘出立体的图案、制作糖霜花瓣，让糖霜饼干的点缀花样无限扩展。

持有裱花袋的方法

轻轻握住裱花袋上半部分。裱花的时候，轻轻挤压裱花袋的侧面。

本书中使用到的裱花嘴

花瓣裱花嘴（101S）

适用于花瓣和褶皱处理。"S"表示小号。

花瓣裱花嘴（101）

适用于花瓣和褶皱处理。

星星

裱花嘴适用于星星形状的处理。也可以用来处理贝壳形状。

花形

裱花嘴适用于简单的花朵形状。

※使用"硬质"糖霜（详情请参考p.11）。

花朵（使用花瓣裱花嘴）

还可以这样做！

取一个底部平坦的杯子，上面铺一张烘焙纸。一边沿着与裱花嘴反方向旋转杯子，一边挤出花瓣。很方便的。

1

裱花嘴呈圆弧状的一端向下，以此为中心转动手腕，画出第一枚花瓣。

2

在花瓣下面画出第二枚花瓣。反复操作共5次。最后把裱花嘴立起来，快速提起。

花朵（使用花形裱花嘴）

一边挤一边旋转！

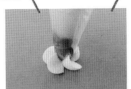

裱花嘴在自己对面的直角方向，手腕一边缓缓旋转、一边挤出糖霜。最后快速提起裱花袋即可。

绘出的形状不尽人意时……

如果提起裱花袋时给花瓣留下了"小犄角"时，用湿润的笔尖轻轻整理即可。

贝壳（使用星星裱花嘴）

1

裱花嘴倾斜45°，挤出大小合适的花纹。

2

减小挤糖霜的力量，裱花嘴向前进方向拉过去。不要提起裱花嘴，反复操作。

剩余的糖霜可以用来制作"糖霜糖片"

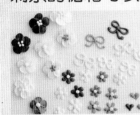

已经装进卷筒的糖霜保质期很短，基本上需要当天用完。如果有所剩余，可以用来做些可爱的小糖片晾干，然后作为"糖霜糖片"来保存。这样一来，不但保质期长，而且使用起来很方便。

就这样静置一晚，自然晾干即可♪

使用卷筒，可以轻松描绘出蝴蝶结、心形、花朵等可爱的图形。如果用裱花嘴描绘较大花朵，可以用卷筒在花芯处点缀上小圆点，真正的"花样十足"呢。

保存

转入有盖子的瓶子或密封容器中，放在阴凉避光的地方保存。

模型纸①

※请复印至200％的大小后使用。

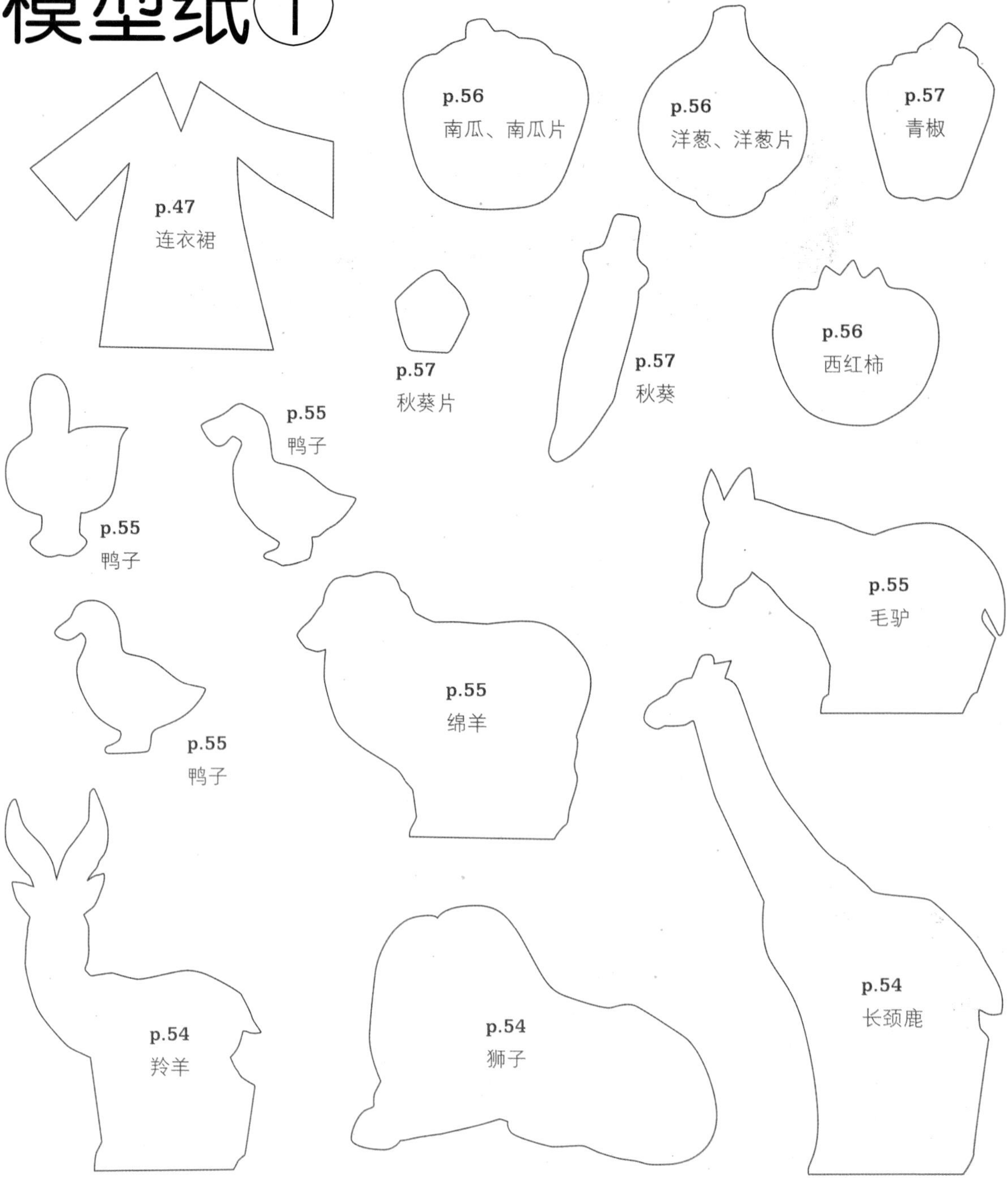

p.56
南瓜、南瓜片

p.56
洋葱、洋葱片

p.57
青椒

p.47
连衣裙

p.57
秋葵片

p.57
秋葵

p.56
西红柿

p.55
鸭子

p.55
鸭子

p.55
毛驴

p.55
绵羊

p.55
鸭子

p.54
羚羊

p.54
狮子

p.54
长颈鹿

利用常见模型&基本
技巧来制作糖霜饼干

本章中，将介绍几款利用常见模型（圆形、四边形、星形、花形、心形、姜糖饼干、泰迪熊形、晚礼服形）制作的糖霜饼干。即使是最基本的技巧，也能做出这么可爱的饼干哦！

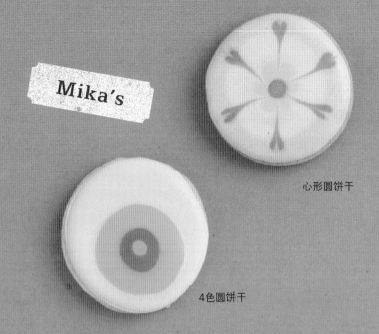

心形圆饼干

4色圆饼干

CIRCLE SHAPE

圆形

Recipe ▶ p.26～27

微笑君

24

果汁满满!

橙子

猕猴桃

问号君

Wow!

叹号君

材料与做法

 圆形模型

 4色圆饼干

材料
基础饼干材料（p.8）
※使用市面销售的圆形模型扣形、烘焙
●糖霜
外侧线条（KG）/中间
最外侧圆（KG）/软质
第2层圆（GY）/软质
第3层圆（OR）/软质
中心（KG较多）/软质

 心形圆饼干

材料
基础饼干材料（p.8）
※使用市面销售的圆形模型扣形、烘焙
●糖霜
外侧线条（BL）/中间
最外侧圆（BL）/软质
第2层圆（BD较少）/软质
第3层圆（SB）/软质
中心及外侧的圆点（BD）/软质

 微笑君

材料
基础饼干材料（p.8）
※使用市面销售的圆形模型扣形、烘焙
●糖霜
外侧线条（GY）/中间
底色（GY）/软质
眼睛、嘴巴（BC）/硬质
心形轮廓（WH）/中间
心形底色（CR较多）/中间

1

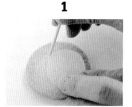

不借助任何工具画圆时，可以先把烘焙纸剪成大小合适的圆形，然后放在饼干上。用竹签沿着烘焙纸的边缘点出很多小孔，以避免边缘线扩散。

2

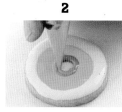

沿着饼干外沿画出外侧线条，晾干以后从外侧开始用不同颜色的糖霜按顺序画出规整的环形。秘诀在于：要趁糖霜还没干时快速描绘。

3

趁糖霜还没晾干，画出中心处的圆点。

1

沿着饼干外沿画出外侧线条，晾干以后从外侧开始用不同颜色的糖霜按顺序画出规整的环形。秘诀在于：要趁糖霜还没干快速描绘。

2

趁糖霜还没晾干，在外侧的圆环上画出圆点。立即用竹签在圆点中间划一条线，拉到圆心处。

3

趁糖霜还没晾干，画出中心处的圆点。

1

沿着饼干外沿画出外侧线条，中间涂满底色糖霜。

2

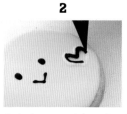

完全晾干以后画出眼睛和嘴巴，再用白色糖霜画出心形的轮廓。

3

心形轮廓晾干以后，在内侧涂满底色的红糖霜。

※（　）中是每种颜色的简称（请参考p.13）。硬质、中间、软质，指糖霜的软硬程度（p.11）。

 问号君

材料
基础饼干材料（p.8）
※使用市面销售的圆形模型扣形、烘焙
●**糖霜**
外侧线条（GY）/中间
底色（GY）/软质
眼睛、嘴巴（BC）/硬质
问号轮廓（WH）/中间
问号底色（KG）/中间

 叹号君

材料
基础饼干材料（p.8）
※使用市面销售的圆形模型扣形、烘焙
●**糖霜**
外侧线条（GY）/中间
底色（GY）/软质
眼睛、嘴巴（BC）/硬质
嘴巴底色（PD）/软质
叹号轮廓（WH）/中间
叹号底色（RB）/中间

 橙子

材料
基础饼干材料（p.8）
※使用市面销售的圆形模型扣形、烘焙
●**糖霜**
外侧线条、底色（OR）/软质
橙子瓣轮廓（WH）/软质
橙子核（BR）/软质
外侧轮廓（OR）/中间

1

饼干边缘稍微留出余白，画出圆形的外侧线条，中间涂满底色糖霜。趁糖霜还没晾干，画出白色的橙子瓣轮廓。

2

趁糖霜还没晾干，画出橙子核。

3

完全晾干以后，在最外沿画出粗一些的轮廓。

 猕猴桃

材料
基础饼干材料（p.8）
※使用市面销售的圆形模型扣形、烘焙
●**糖霜**
外侧线条、底色（MG）/软质
中心（WH）/软质
种子（BC）/软质
外侧轮廓（BR+BL）/中间

1

饼干边缘稍微留出余白，画出圆形的外侧线条。晾干以后中间画出环形底色。趁糖霜还没晾干，在中心部涂满白色底色。

2

趁糖霜还没晾干，在颜色交界的圆周处画出种子，之后在外侧再画一圈种子。

3

完全晾干以后，在最外沿画出粗一些的轮廓。

SQUARE SHAPE

情书

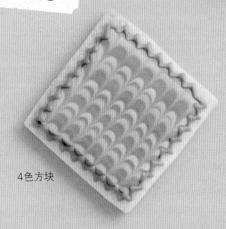

4色方块

英文字母

四边形

Recipe ▶ p.30

星形

Recipe ▶ p.31

Mika's

亮晶晶小星星

笑眯眯小星星

Chihiro's

Eri's

花岗岩小星星

材料与做法

四边形模型

 情书

材料
基础饼干材料（p.8）
※使用市面销售的四边形模型扣形、烘焙
● 糖霜
外侧线条（WH）/中间
底色（WH）/软质
信封线条（BC）/硬质
心形（CR较多）/中间

1

沿着饼干边缘画出外侧线条，然后涂满底色糖霜。晾干以后画出黑色的轮廓。

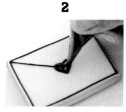

2

趁糖霜还没晾干，在正中间画一颗小心。

 4色方块

材料
基础饼干材料（p.8）
※使用市面销售的四边形模型扣形、烘焙
● 糖霜
中间线条（VL、BD、SB、GY）/软质
外框的折线（RB）/硬质

1

分别用4种颜色的糖霜画出条纹。

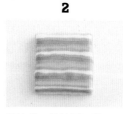

2

秘诀是：趁糖霜还没干，快速地全部画完。

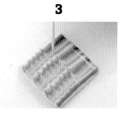

3

趁着还没干，用竹签沿着与条纹线条垂直的方向拉过去。完全晾干以后在周围画上折线。

 英文字母

材料
基础饼干材料（p.8）
※使用市面销售的四边形模型扣形、烘焙
● 糖霜
中心的椭圆形轮廓、底色（BR+GY+BL）/软质
外围的轮廓、底色（CR+BR）/软质
条纹（CR+BR较多）/软质
椭圆形轮廓+文字（BR+BL）/硬质

1

在饼干中心画出椭圆形外侧线条，晾干以后涂满底色。

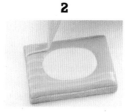

2

糖霜完全晾干以后在饼干外沿上画出轮廓，然后涂满底色糖霜。趁着还没晾干画上条纹线条。

3

完全晾干以后，在椭圆形的外周画线。干燥以后再画一层轮廓，完全干透以后描绘出椭圆外侧花纹和中间的字母。

星形模型

亮晶晶小星星

材料
基础饼干材料（p.8）
※使用市面销售的星形模型扣形、烘焙
● 糖霜
外侧线条（RB）/中间
底色、周围的凸起线条（RB）/软质

※（ ）中是每种颜色的简称（请参考p.13）。硬质、中间、软质，指糖霜的软硬程度（p.11）。

1

沿着饼干边缘画出外侧线条，晾干以后涂满底色糖霜。趁底色还没干时，点缀上银箔和糖粒。

2

完全干透以后，在饼干轮廓上添加一条轮廓，做成凸起边沿。趁糖霜还没晾干，撒一层细砂糖。干透以后用刷子扫掉多余的细砂糖。

笑眯眯小星星

材料
基础饼干材料（p.8）
※使用市面销售的星形模型扣形、烘焙
● 糖霜
外侧轮廓、底色（GY+OR）/软质
星星（WH）/软质
眼睛、嘴巴（B+R）/硬质

1

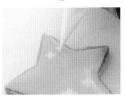

沿着饼干边缘画出外侧线条，晾干以后涂满底色糖霜。趁底色还没干时，用白色糖霜画出十字形。

2

马上用竹签把十字形的四个角拉长一些，整理出星星的形状。

3

完全晾干以后画出眼睛和嘴巴。

英文字母

材料
基础饼干材料（p.8）
※使用市面销售的星形模型扣形、烘焙
● 糖霜
外侧轮廓（WH）/中间
底色（WH）/软质
花纹（BC）/软质

1

沿着饼干边缘画出外侧线条，然后涂满底色糖霜。

2

趁着还没晾干，分别画出10根线条。

3

趁糖霜还没晾干，用竹签轻轻从线条中间切开，向中心画过去。秘诀是：从头到尾一气呵成。

花形

Recipe ▶ p.34

鲜花与蜜蜂

苹果树

FLOWER SHAPE

鲜花与七星瓢虫

Mika's

Chihiro's

心连心

THANK YOU

HEART SHAPE

心意饼干

蕾丝心情

Eri's

心形

Recipe ▶ p.35

材料与做法

花形模型

1

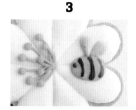
2

3

鲜花与蜜蜂

材料
基础饼干材料（p.8）
※使用市面销售的花形模型扣形、烘焙
● 糖霜
花瓣的外侧轮廓、底色（WH）/软质
雄蕊（GY+OR）/硬质
蜜蜂身体（GY+OR）/软质
蜜蜂花纹线条、眼睛（BC）/软质
蜜蜂的翅膀（RB）/中间

在每片花瓣的边缘画出轮廓，晾干以后间隔着涂上底色，共计4处。

完全晾干以后，把其他4枚花瓣也涂满。再次晾干以后描绘出雄蕊的线条、蜜蜂的身体，趁没干之前要把身体上的横线画好。

完全晾干以后，在雄蕊的先端画出小圆点。接着画出密封的翅膀。

苹果树

材料
基础饼干材料（p.8）
※使用市面销售的花形模型扣形、烘焙
● 糖霜
外侧轮廓（KG）/中间
底色（KG）/软质
苹果果实（CR较多）/中间
苹果把（BC）/硬质

1

2

在饼干边缘和树干外沿画出轮廓，然后在中间涂好底色糖霜。

完全晾干以后，画出苹果。晾干以后画出苹果把。

鲜花和七星瓢虫

材料
基础饼干材料（p.8）
※使用市面销售的花形模型扣形、烘焙
红色原味巧克力
● 糖霜
心形轮廓、七星瓢虫粘贴用（KG）/中间
底色（KG）/软质
七星瓢虫、圆点（BL）/硬质

1

2

3

画出心形的轮廓，晾干以后涂满底色。

完全晾干以后，再画出一条心形的凸起外沿。

利用红色原味巧克力画出瓢虫形状，接下来在绿色底色上画出系列小圆点。瓢虫形状晾干以后，在内侧涂抹糖霜，黏在糖霜饼干上。

心形

心连心

材料
基础饼干材料（p.8）
※使用市面销售的心形模型（大小不同）扣
形后，黏在一起烘焙（可以少蘸些水以便粘
贴牢固）
● 糖霜
大小心形轮廓
（BD·分别做成浓淡两种颜色）/中间
大小心形底色
（BD·分别做成浓淡两种颜色）/软质
花纹（WH）/中间

※（）中是每种颜色的简称（请参考p.13）。硬质、中间、软质，指糖霜的软硬程度（p.11）。

1

刚刚出炉的饼干是这个样子的。

2

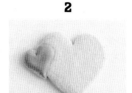

小号心形的轮廓可以选择深粉色，这样正好能调整大小、颜色的平衡。晾干以后涂抹底色（深粉色）。

3

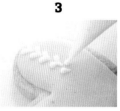

画出大号心形的轮廓（淡粉色），晾干以后涂抹底色（淡粉色）。完全晾干以后用白色糖霜画出小圆点或心形图案。

心意饼干

材料
基础饼干材料（p.8）
※使用市面销售的心形模型扣形、烘焙
● 糖霜
轮廓、底色（BR+RB+BL）/软质
条纹（BR+GY+BL）/软质
文字（BR+GY+BL）/硬质

1

在饼干边缘画出轮廓，晾干以后涂抹底色。趁还没晾干时画出条纹。

2

完全晾干以后，绘制文字。画出直线以后，在线条边缘勾勒小三角形，增添细腻效果。

蕾丝心情

材料
基础饼干材料（p.8）
※使用市面销售的心形模型扣形、烘焙
● 糖霜
轮廓（CR+VL）/中间
底色（CR+VL）/软质
蕾丝花纹（WH）/硬质

1

在饼干边缘画出轮廓，晾干以后涂抹底色。

2

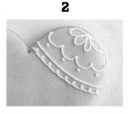

完全晾干以后，用白色糖霜在右上角描绘蕾丝花纹。

3

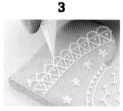

最后用小圆点进一步装饰。

姜糖饼干

Recipe ▶ p.38

Aloha~!

花季少女

Mika's

圣诞姜糖饼

Chihiro's

小红帽

Eri's

GINGERBREAD GIRL SHAPE

zzz···

熊猫

比基尼小熊

小熊宝宝

Chihiro's

Mika's

Eri's

泰迪熊形

Recipe ▶ p.39

材料与做法

姜糖饼干

 花季少女

材料
基础饼干材料（p.8）
※使用市面销售的姜糖饼干模型扣形、烘焙
星形糖片、心形糖片

●糖霜
裙子轮廓（OR）/中间
裙子底色（OR）/软质
裙子的花纹图案（GY）/中间
头发、眼睛、嘴巴（BR）/中间
双颊（BL）/中间
裙子的花芯（CR）/中间
糖片粘贴（WH）/中间

1
画出裙子轮廓，晾干以后涂抹底色。完全晾干以后描绘花形图案。

2
描绘头发、眼睛、嘴巴、双颊，在花朵中间画一个小圆点。头发按从外向内的方向画出发卷。

3
在糖片后面涂一些粘贴用的糖霜，然后把星星形状的糖片黏在裙子上，心形的糖片黏在头发上。

 圣诞姜糖饼

材料
基础饼干材料（p.8）
※使用市面销售的姜糖饼干模型扣形、烘焙

●糖霜
轮廓、底色（BC+BR）/软质
裙子底色（OR）/软质
眼睛、嘴巴、圣诞花环上的白点（WH）/硬质
圣诞花环（Mg+BL）/硬质
圣诞花环的铃铛、圆点（GY+BR）/中间
圣诞花环的蝴蝶结、圆点（CR+BL）/硬质

1
在饼干的外沿画出轮廓，晾干以后涂抹底色。完全晾干以后用白色糖霜描绘眼睛和嘴巴。

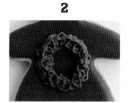

2
用圣诞花环所需的糖霜描绘出圆形的花环，绕着小圆圈来描绘出立体的效果。

3
完全晾干以后，用白色糖霜描绘小圆点，用黄色的糖霜描绘铃铛上的小圆点。再次晾干以后描绘出铃铛上面红色的蝴蝶结。

 小红帽

材料
基础饼干材料（p.8）
※使用市面销售的姜糖饼干模型扣形、烘焙

●糖霜
套头帽子的轮廓、外沿线（CR）/中间
套头帽子的底色（CR）/软质
裙子的轮廓（WH）/中间
裙子的底色（WH）/软质
头发、脸蛋、手套、靴子（BC）/软质
红脸蛋儿（CR）/软质
蝴蝶结（GY）/硬质

1
先画出套头帽的轮廓，涂抹底色。完全晾干以后画出裙子的轮廓，涂抹底色，最后描绘出头发。

2
在套头帽的轮廓外再画一条线，形成凸起边缘线。描绘脸蛋儿、手套、靴子和红脸蛋儿。

3
套头帽子的凸起边缘线晾干以后，描绘胸前的蝴蝶结。蝴蝶结的末端分别点上小圆点。

 泰迪熊形

 熊猫

材料
基础饼干材料（p.8）
※使用市面销售的泰迪熊模型扣形、烘焙

● **糖霜**
轮廓、头部和肚皮的底色（WH）/中间
耳朵、手臂、双脚、眼睛、鼻子（BC）/中间
竹子（MG）/硬质

1

沿着饼干的外沿画出熊猫的轮廓，白色与黑色的分界线。

2

晾干以后，用白色的糖霜填充头部和肚皮的底色。完全晾干以后，用黑色糖霜填充耳朵、手臂和双脚。

3

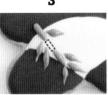

描绘眼睛和鼻子，按照照片中的样子描绘竹子。完全晾干以后，再补充画出虚线部分的竹竿。

 比基尼小熊

材料
基础饼干材料（p.8）
※使用市面销售的泰迪熊模型扣形、烘焙
糖粒、心形糖片

● **糖霜**
底色的轮廓、鼻子（BR）/中间
底色（BR）/软质
比基尼的轮廓、比基尼的花纹、粘贴糖粒与糖片用（WH）/中间
比基尼底色（WH）/软质
眼睛、沙滩鞋（VL）/中间

1

沿着饼干的外沿画出小熊的轮廓，晾干以后填充底色所需糖霜。再次晾干以后，画出比基尼的轮廓、填充。完全晾干以后再画上纤细的肩带线条。

2

描绘眼睛、鼻子和沙滩鞋，在比基尼中间点上粘贴用糖霜，然后把糖粒黏在上面。

3

在耳朵部位点上粘贴用糖霜，然后在上面黏上4颗心形的糖片。

 小熊宝宝

材料
基础饼干材料（p.8）
※使用市面销售的泰迪熊模型扣形、烘焙

● **糖霜**
小熊的轮廓（BR）/中间
小熊的底色（BR）/软质
衣服的轮廓（KG）/中间
衣服的底色、口袋、扣子（KG·浓淡2色）/软质
耳朵、红脸蛋、鼻子、双脚、眼睛的轮廓（CR）/软质
眼睛、嘴巴（BC）/硬质

1

画出小熊脸颊、双手、双脚的轮廓线，涂满底色。完全晾干以后涂抹衣服形状的轮廓线。

2

涂画衣服底色的糖霜（浅绿）。

3

完全干燥以后描绘耳朵、红脸蛋儿、鼻子、双脚，画出眼睛形状的轮廓线。描绘眼睛、嘴巴、衣服口袋和扣子的颜色（深绿）。

黑色晚礼服

Mika's

Eri's

红色晚礼服

Chihiro's

蓝色晚礼服

晚礼服形

Recipe ▶ p.41

P<small>ROM</small> D<small>RESS</small> S<small>HAPE</small>

材料与做法

※（ ）中是每种颜色的简称（请参考p.13）。硬质、中间、软质，指糖霜的软硬程度（p.11）。

晚礼服形

黑色晚礼服

材料
基础饼干材料（p.8）
※使用市面销售的晚礼服模型扣形、烘焙
●糖霜
轮廓、底色（BC）/软质
前襟上的红色圆点（CR+BL）/硬质
前襟上的叶子（MG+BL）/硬质
前襟上的蝴蝶结（BR+GY+BL）/硬质
前襟上的白色圆点（WH）/硬质

1

在饼干边缘画出轮廓，晾干以后涂抹底色。晾干以后，参考照片中的样子在前襟上画出红色圆点和叶子的图案。

2

完全晾干以后，再描一遍红点和叶子的花纹。反复操作之后就会出现立体的前襟效果。

3

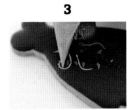

以上图案完全晾干以后，先画出蝴蝶结的线条，然后在上面描绘出圆点图案，最后用白色糖霜画出圆点。

红色晚礼服

材料
基础饼干材料（p.8）
※使用市面销售的晚礼服模型扣形、烘焙糖粒、银箔
●糖霜
晚礼服的轮廓、粘贴糖粒用（CR+BR）/中间
晚礼服的底色（CR+BR）/软质
玫瑰花图案（TP）/中间

1

画出晚礼服外沿轮廓，晾干以后涂抹底色，趁还没有晾干时撒一些银箔。

2

完全晾干以后，描绘玫瑰花图案。秘诀是：从外侧向中心描绘，尽量体现出花瓣折角的样子。胸前描绘水滴图案。

3

观察图案的结构比例，在合适的位置上点一些糖霜小圆点，然后把糖粒黏在上面。

蓝色晚礼服

材料
基础饼干材料（p.8）
※使用市面销售的晚礼服模型扣形、烘焙
●糖霜
晚礼服的轮廓（RB）/中间
晚礼服的底色（RB）/软质
晚礼服花纹图案（WH）/硬质

1

画出晚礼服外沿轮廓，晾干以后涂抹底色。

2

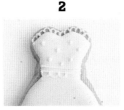

完全晾干以后，在胸前画出蕾丝花纹、圆点。横向画两条线，在下面继续描绘蕾丝图案。

3

画出斜线，添加蕾丝图案。在裙摆处画出蕾丝花纹，最后描绘出花朵即可。

就像真的
棒棒糖一
样!

饼干棒棒糖

Recipe ▶ p.44

COOKIE POPS

Mika's

插上了棒棒以后
烘焙的饼干♪

较厚款式

棒棒糖①

棒棒糖②

插上棒棒以后，变成了更加可爱的饼干饼！制作方法分为：面团和棒棒结合在一起共同烘焙的"较厚款式"和烘焙好的2枚饼干中间夹住棒棒的"三明治款式"。请选择自己喜欢的风格吧。

把2枚饼干夹在一起♪

三明治款式

花形棒棒糖

心形棒棒糖

材料与做法

较厚款式

用模型扣形的时候，要使用比通常饼干饼更加厚实的面坯，然后像拧螺丝一样把耐热棒牢牢地固定刺入饼干中间。烘焙过程中把烤箱温度降至160℃，然后略微延长烘焙时间。

饼干棒棒糖①

材料
基础饼干材料（p.8）
※使用市面销售的圆形模型扣形，与耐热棒一起烘焙
● 糖霜
底色的轮廓（BD+BR）/中间
下半部的底色（BD+BR）/软质
上半部的底色（GY）/软质
横线、交界线、文字（GY+CR）/中间

1 画出轮廓线，涂满底色。完全晾干以后画出红色和黄色的横线。

2 晾干以后，涂好上半部的底色糖霜。

3 完全干燥以后描绘上下部分的交界线，描绘出自己喜欢的英文字母。

饼干棒棒糖②

材料
基础饼干材料（p.8）
※使用市面销售的圆形模型扣形，与耐热棒一起烘焙
● 糖霜
底色的轮廓、中央的线条（BD+BR）/中间
底色（BD+BR）/软质
右上的底色（BR）/软质

1 画出轮廓线，晾干以后涂满底色，只留出右上部分的余白。趁着糖霜还没干，在右上部涂上淡棕色的底色。

2 趁着糖霜还没干，在颜色交界线处用竹签画出斑纹。完全晾干以后在中央描绘出漂亮的线条。

三明治款式

取2枚饼干，分别在没有糖霜的一面涂抹上厚厚的巧克力液（糖霜也可）。把耐热棒夹在中间，轻轻按压把它们贴在一起。

心形棒棒糖

材料
基础饼干材料（p.8）
※使用市面销售的心形模型扣形、烘焙花形糖片（玫瑰裱花嘴/WH/p.21）、糖粒
● 糖霜
底色的轮廓（PI+BR）/中间
下半部的底色（BD+BR）/软质
底色（PI+BR）/软质
花纹、周围的圆点、糖片粘贴用（WH）/中间

1 周围留出余白，然后画出心形轮廓线，晾干以后涂满底色。

2 完全晾干以后，用白色的糖霜旋转着挤出随机的曲折线条，然后在心形周围画出同样间隔的小圆点。

3 把大小不同的糖片重叠着黏在一起，中间点缀一枚糖粒，然后背面涂上粘贴用的糖霜，固定在饼干表面。

饼干棒棒糖②

材料
基础饼干材料（p.8）
※使用市面销售的心形模型扣形、烘焙金色糖粒
● 糖霜
花瓣的轮廓（VL+BR、SB+BR）/中间
花瓣的底色（VL+BR、SB+BR）/软质
圆点、糖粒粘贴用（WH）/中间

1 一个隔一个地分别画出两种颜色的花瓣轮廓，晾干以后先涂满其中一个颜色的底。完全晾干以后再继续涂抹另一个颜色的底色。再次晾干以后用白色糖霜画出小圆点做装饰。

2 把粘贴用的糖霜涂在糖粒背面，然后用小镊子把糖粒固定在花朵中央。

3人特制糖霜饼干

美加女士、千纮女士、枝里女士以不同主题创作而成的糖霜饼干合集。
"优美华丽"、"简约高贵"、"休闲可爱"等系列分别体现出3位女士鲜明的个性特征。
如果想稍微试着提升一下自己的糖霜饼干制作水平，可千万不要错过这部分内容！

AIR FRANCE

Mika's

巴黎风系列

Recipe ▶ p.50

时装秀系列

Recipe ▶ p.51

FASHION

Mika's

厨房系列

Recipe ▶ p.52

KITCHEN

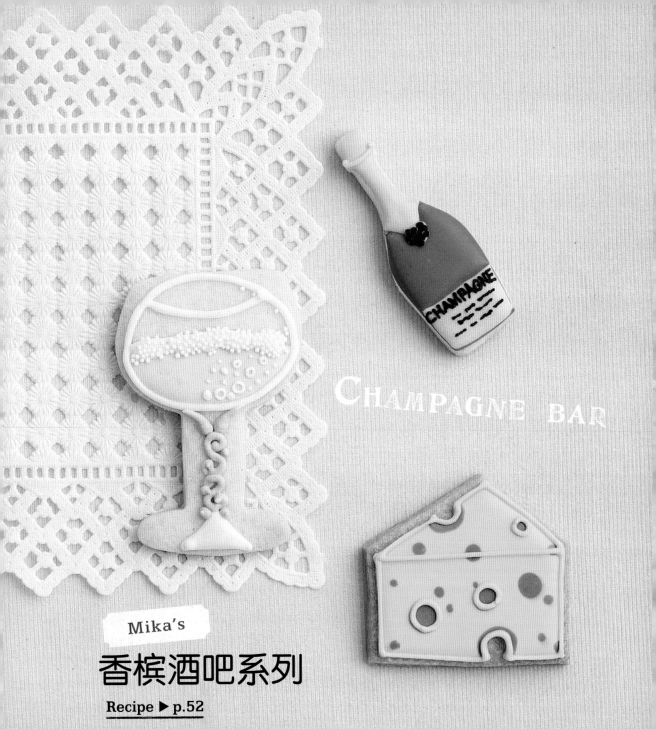

CHAMPAGNE bar

Mika's

香槟酒吧系列

Recipe ▶ p.52

材料与做法

PARIS 巴黎风

马卡龙（抹茶绿）

材料
基础饼干材料（p.8）
※使用市面销售的圆形模型扣形，适当抻拉
成椭圆形后烘焙
星形裱花嘴

● **糖霜**
轮廓线、凸纹（KG+BR）/中间
底色（KG+BR）/软质
中间星状奶油糖霜（WH）/硬质

1

需要装裱奶油花的地方留白，先画出其他部分的轮廓线，晾干以后涂满底色。

2

完全晾干以后，将白色的奶油糖霜装入装配了星状裱花嘴的裱花袋，挤出贝壳状的花纹（p.21）。

3

完全晾干以后，用裱花筒头部把奶油糖霜的上下部分划成不规则图案，形成凸纹。

法国国旗

材料
基础饼干材料（p.8）
※使用市面销售的4cm正方形模型扣形，适当切掉上下部边线后烘焙

● **糖霜**
轮廓线（WH）/中间
底色（SB+RB、WH、CR+BR）/中间偏软

1

在饼干周围，颜色和颜色的交界线处画出轮廓，晾干以后首先涂抹左侧的蓝色底色糖霜。

2

依次向右涂抹红色底色糖霜，晾干以后再涂抹中间的白色糖霜。

马卡龙（流光粉）

材料
基础饼干材料（p.8）
※使用市面销售的圆形模型扣形，适当抻拉成椭圆形后烘焙
星形裱花嘴

● **糖霜**
轮廓线、凸纹
（PI+BR）/中间
底色（PI+BR）/软质
中间星状奶油糖霜（WH）/硬质

马卡龙（紫罗兰）

材料
基础饼干材料（p.8）
※使用市面销售的圆形模型扣形，适当抻拉成椭圆形后烘焙
星形裱花嘴

● **糖霜**
轮廓线、凸纹
（VL+BR）/中间
底色（VL+BR）/软质
中间星状奶油糖霜（WH）/硬质

埃菲尔铁塔

材料
基础饼干材料（p.8）
※使用市面销售的生日帽形模型扣形、烘焙
星形裱花嘴

● **糖霜**
轮廓线（WH）/中间
底色（WH）/软质
埃菲尔铁塔的轮廓（BL）/中间
文字（RB）/中间

1

描绘轮廓线，晾干以后涂抹底色。完全晾干以后描绘出埃菲尔铁塔的轮廓形状。

2

描绘中间和下半部分的线条，然后再描绘出上半部分的纤细线条。

3

最后添加铁塔钢结构和最上面的线条，完全晾干以后用蓝色的糖霜描绘出表面的文字。

Fᴀsʜɪᴏɴ 时装秀

淑女帽

材料
基础饼干材料（p.8）
※使用市面销售的帽子形
模型扣形、烘焙
蝴蝶结形立体糖片
（Pl/p.93）
●糖霜
轮廓线（TP）/中间
底色（TP）/软质
圆点、蝴蝶结粘贴用
（WH）/中间

首先画出帽子形状的
轮廓线，晾干以后涂抹底色。完全晾干以
后用白色的糖霜描绘
出圆点，并在蝴蝶结
糖片后面涂上粘贴用
糖霜，将其固定在饼
干表面。

高跟鞋

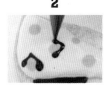

材料
基础饼干材料（p.8）
※使用市面销售的高跟鞋形模型
扣形、烘焙
缎子蝴蝶结（黑）
●糖霜
高跟鞋鞋跟轮廓线（TP）/
中间
高跟鞋鞋跟底色（TP）/中
间偏软质
鞋体的轮廓线（BR）/中间
鞋体的底色、花纹（BT·浓
淡3色）/软质
蝴蝶结粘贴用（WH）/中间

1

描绘出高跟鞋鞋跟轮
廓线，晾干以后涂抹
底色。完全晾干以后
描绘出鞋体的轮廓，
晾干涂抹底色。趁没
干，涂抹上稍浓一些
的棕色糖霜。

2

趁没干，用颜色最浓的
棕色糖霜在圆点外面
勾勒出线条。完全晾干
以后，在蝴蝶结后面
涂上粘贴用糖霜，将
其固定在饼干表面。
※蝴蝶结仅为装饰，不
可食用。

连衣裙

材料
基础饼干材料（p.8）
※使用模型纸（p.22）中的模型扣形、烘焙
银箔纸、糖粒
●糖霜
轮廓线（BR）/中间
底色（BR）/软质
袖口裙边、圆点（TP）/中间
糖粒粘贴用（WH）/中间

1

描绘出连衣裙的轮廓线，
晾干以后涂抹底色。趁没
干，撒上银箔。

2

完全晾干以后，用黑色糖霜
在袖口和裙边画出平行的2
条黑线，然后在黑线之间画
出褶皱花纹，然后在胸口处
画出大小不同的圆点。

3

在胸口正中间涂上一点儿
粘贴用的糖霜，把糖粒固
定在上面。

手提包

材料
基础饼干材料（p.8）
※使用市面销售的手提包形模型扣形、烘焙
糖粒
●糖霜
轮廓线（BR）/中间
底色、包体花纹（BR·浓淡不同）/软质
包包上的线条（BR）/中间
包包手带（TB或BL）/中间

1

参考高跟鞋画法的**1、2**步
骤，描绘出包体。完全晾
干以后，在中间描绘出一
条横向线条。

2

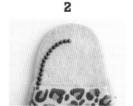

在包体上面画出一排小圆
点，连接成为手带的样
子。

3

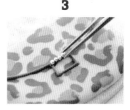

在**1**画的横线中间画出四
边形线条，在晾干之前把
糖粒点缀上去。

材料与做法

KITCHEN 厨房系列

煮锅

材料

基础饼干材料（p.8）

※使用市面销售的手提包形模型扣形、烘焙

● **糖霜**

煮锅的轮廓线、手柄、盖子上的花纹
（OR+BR）/中间

底色（OR+BR）/软质

锅盖的把手（BL）/中间

水蒸气的轮廓（WH）/中间

水蒸气的底色（WH）/软质

水蒸气周围的线条（SB）/软质

1

描绘出煮锅的轮廓，晾干以后填充底色。

2

完全晾干以后，画出煮锅两边的手柄和盖子上的花纹。

3

描绘出水蒸气的轮廓，晾干以后填充底色。趁还没干，在最大的水蒸气图案周围描绘出蓝色的线条。

围裙&手套

材料

基础饼干材料（p.8）

※围裙使用市面销售的连衣裙形模型（p.22）扣形、烘焙。手套使用市面销售的手套形模型扣形、烘焙。

● **糖霜**

围裙肩带部分的轮廓、蝴蝶结（PI）/中间

围裙肩带部分的底色（PI）/中间偏软质

轮廓线（WH）/中间

底色（WH）/软质

花纹（PI、KG、GY）/软质

1

描绘围裙肩带部分的轮廓，晾干以后填充底色。完全晾干以后，画出围裙和手套的轮廓。

2

完全晾干以后，填充底色糖霜。趁没干用粉色糖霜描绘出旋涡状花纹。

3

趁没干，在旋涡花纹旁边用绿色糖霜画出线条，用黄色糖霜勾勒小圆点。

4

完全晾干以后在围裙和手套上画出小蝴蝶结，最后别忘了在蝴蝶结下面点缀上小圆点。

CHAMPAGNE BAR 香槟酒吧

香槟酒杯

材料

基础饼干材料（p.8）

※使用市面销售的酒杯形模型扣形、烘焙

白色小巧克力豆

● **糖霜**

杯子的轮廓（WH）/中间

香槟的底色（GY）/软质

巧克力豆粘贴用（WH）/软质

气泡（WH）/中间

杯子底部（WH）/中间偏软质

杯颈（BL）/中间

1

在杯子上部画出粗一点儿的轮廓线。完全晾干以后填充香槟部分的底色。完全晾干以后在底色上面点上一些用来粘贴巧克力豆的白色糖霜，然后把巧克力豆固定上去。

2

在香槟部分画出圆形或环形糖霜作为香槟酒的气泡。

3

在杯子底部用白色糖霜画出三角形，完全晾干以后描绘杯颈。

香槟酒瓶

材料

基础饼干材料（p.8）
※使用市面销售的酒瓶形模型扣形、烘焙
红色小巧克力豆

● **糖霜**

上部轮廓（GY+BR）/中间
上部底色、线条（GY+BR）/中间偏软质
下部轮廓（KG）/中间
下部底色（KG）/中间偏软质
标签部分的轮廓（BR）/中间
标签部分的底色（BR）/中间偏软质
文字（BL）/中间
巧克力豆粘贴用（WH）/中间

※（ ）中是每种颜色的简称（请参考p.13）。硬质、中间、软质，指糖霜的软硬程度（p.11）。

1

首先描绘出上部轮廓线，晾干以后填充底色。晾干以后画出绿色的轮廓线。再次晾干以后画出标签部分的轮廓线，晾干以后填充底色。

2

完全晾干以后填充绿色底色。写出标签上的文字，在上面画出横线。

3

在底色上面点上一些用来粘贴巧克力豆的白色糖霜，然后把巧克力豆固定上去。

奶酪

材料

基础饼干材料（p.8）
※使用市面销售的四边形模型扣形，把上部切成三角形后烘焙

● **糖霜**

轮廓、镶边（GY+BR）/中间
底色（GY+BR）/软质
气孔花纹（BR）/软质

1

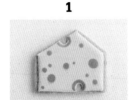

描绘出边缘线，晾干以后填充底色糖霜。趁没干用棕色糖霜画出大小圆点，成为气孔花纹。

2

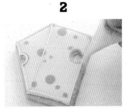

完全干燥以后，画出镶边的线条，然后在中间画一条横线。选取3个气泡圆点，在外沿画出镶边线条。

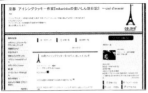

田中美加女士的博客

http://amebol.jp/mie501027

在点心教室才可以
学到的点心款式

【京都糖霜点心创作师
《mikarinko的吃货日记》~Ciel d'avenir~】

糖霜点心、点心教室、料理、糖果、育儿、美食、时尚等，充满了日常生活中小小幸福的人气博客。
博客中也会刊登点心教室的开放时间和地点。

小仓千纮女士的
花样饼干

Chihiro's

动物系列

Recipe ▶ p.58~59

ANIMAL
动物

Chihiro's

蔬菜系列

Recipe ▶ p.60~61

VEGETABLES
蔬菜

材料与做法

ANIMAL 动物

羚羊

材料
基础饼干材料（p.8）
※使用自制模型纸（p.22）扣形、烘焙

●**糖霜**
身体的轮廓线、底色（OR+R+BL）/软质
面孔、肚皮、足部（GY+BR+BL各少量）/软质
耳朵、肚皮、蹄子、尾巴、眼睛、鼻子（BC）/软质
犄角、犄角上的线条（BR）BL/中间

1

首先描绘出身体的轮廓（除了肚皮、足部的白色和棕色部分以外），然后填充底色。趁没晾干，用白色和棕色的糖霜画出肚皮、足部、面孔的颜色（耳朵、蹄子、尾巴的棕色需要涂两遍）。

2

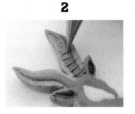

完全晾干以后，描绘出犄角的轮廓线，晾干以后填充底色。再次晾干以后，画出犄角上面的横线条。

3

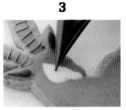

画出眼睛和鼻子。

长颈鹿

材料
基础饼干材料（p.8）
※使用自制模型纸（p.22）扣形、烘焙

●**糖霜**
身体的轮廓线、底色（GY+BR+BL各少量）/软质
身体的花纹、蹄子（OR+BR+BL）/软质
鬃毛、耳朵尖、眼睛、鼻子、尾巴（BR+BL）/硬质

1

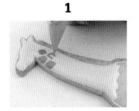

首先描绘出身体的轮廓，晾干以后首先从下巴下面的颈部开始描绘斑点。趁没干，分别画出肚皮上的斑点和腿部斑点，然后涂好蹄子的颜色。

2

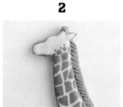

完全晾干以后，描绘出鬃毛、耳朵尖、眼睛和鼻子的颜色。

3

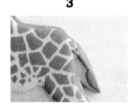

最后画尾巴。

狮子

材料
基础饼干材料（p.8）
※使用自制模型纸（p.22）扣形、烘焙

●**糖霜**
身体的轮廓线、底色（GY+BR+BL）/软质
脸部纵向线条（GY+BR）BL稍多一些）/软质
嘴边底色、眼睛（GY+BR+BL各少量）/软质
鬃毛①（BR+BL）/软质
鬃毛②、尾巴尖（BR+BL+MG）/软质
眼睛、鼻子（BC）/硬质

1

一口气描绘出身体的轮廓、鬃毛、脸部等轮廓，然后趁轮廓未干分别填充好足部、肚皮等部分的底色。

2

完全晾干以后，用鬃毛颜色①、有间隔地填充好鬃毛颜色。

3

完全晾干以后，用鬃毛颜色②填充好剩余的鬃毛部分，同时画好尾巴尖。最后反复用黑色糖霜描绘出眼睛和鼻子。

※（ ）中是每种颜色的简称（请参考p.13）。硬质、中间、软质，指糖霜的软硬程度（p.11）。

鸭子

材料
基础饼干材料（p.8）
※使用自制模型纸（p.22）扣形、烘焙
● 糖霜
身体的轮廓线、底色（GY+BR+BL各少量）/软质
鸭蹼、足部（OR+BR）/中间
眼睛（BC）/硬质

1

首先描绘出身体的轮廓，晾干以后填充底色。

2

完全晾干以后，画出鸭蹼和足部的颜色。最后描绘眼睛。

绵羊

材料
基础饼干材料（p.8）
※使用自制模型纸（p.22）扣形、烘焙
● 糖霜
脸部、足部的轮廓线、底色（GY+BR+BL各少量）/中间
脚尖、眼睛、鼻子（BC）/硬质
毛（GY+BR较多+BL）/硬质
羊角、羊角上的线条（OR+B+BL）/中间

1

首先描绘出面部与足部的轮廓，晾干以后填充底色，趁底色还没干立即涂抹脚尖的颜色。

2

完全晾干以后，画出螺旋状的线条形成羊毛花纹。线条略粗一些比较好看。

3

完全晾干以后，画出羊角。再次晾干以后画出羊角上的条纹。最后画出眼睛和鼻子。

驴

材料
基础饼干材料（p.8）
※使用自制模型纸（p.22）扣形、烘焙
● 糖霜
身体的轮廓线、底色、脚尖（BR+BL）/软质
嘴巴、眼睛、耳朵、肚皮、蹄子（GY+BL+BR各少量）/软质
耳朵尖、鬃毛、眼睛、鼻子、尾巴（BC）/硬质

1

首先描绘出身体（灰色部分）的轮廓，晾干以后填充底色。趁底色未干画出嘴巴、眼睛、耳朵、肚皮、蹄子的颜色，随后画好耳朵尖的颜色。

2

完全晾干以后，画出鬃毛、眼睛、鼻子的颜色。

3

最后描绘尾巴。

材料与做法

Vegetables 蔬菜

 南瓜

材料

基础饼干材料（p.8）

※使用自制模型纸（p.22）扣形、烘焙

● 糖霜

轮廓线、底色（MG+BL）/软质

瓜蒂（BR+BL）/中间

1

描绘轮廓，晾干以后间隔着填充底色。

2

完全晾干以后，填充剩余部分的底色。再次晾干以后在上面涂好瓜蒂的颜色。

 洋葱

材料

基础饼干材料（p.8）

※使用自制模型纸（p.22）扣形、烘焙

● 糖霜

轮廓线、底色（BR+GY+CR）/软质

纹理线、根部（BR较多+GY+CR）/软质

首先描绘洋葱形状的轮廓，晾干以后填充底色。趁底色未干画出流畅的纵向线条。完全晾干以后，画出根部。

 南瓜片

材料

基础饼干材料（p.8）

※使用自制模型纸（p.22）扣形、烘焙

● 糖霜

轮廓线、底色（MG+BL）/软质

中间橙色部分（GY+OR+BR）/软质

中间深橙色部分（OR+CR+BR）/软质

瓜蒂（BR+BL）/中间

种子（BR+GY）/硬质

1

描绘轮廓，晾干以后间隔着填充底色。接下来画出中间橙色部分的底色，趁未干用深橙色糖霜填充中央部分。

2

完全晾干以后，完整地填充好上部两边的空白处。再次晾干以后填充瓜蒂部分。最后填充周边空白处，画出种子。

 洋葱片

材料

基础饼干材料（p.8）

※使用自制模型纸（p.22）扣形、烘焙

● 糖霜

轮廓线、底色（MG+BR）/软质

纹理线（MG+BR较多）/硬质

外侧线条、根部（BR+GY+CR）/软质

首先描绘洋葱形状的轮廓，晾干以后填充底色。晾干以后画流畅的纵向线条，最外面用粗线勾勒。完全晾干以后，画出根部。

 秋葵

材料

基础饼干材料（p.8）

※使用自制模型纸（p.22）扣形、烘焙

● 糖霜

轮廓线、底色（GY+MG较多+BR）/中间

瓜蒂（GY+MG+BR）/中间

1

首先勾勒下半部分的轮廓，晾干以后间隔着填充底色。

2

完全晾干以后填充正中间的糖霜和根蒂部分。

 秋葵片

材料

基础饼干材料（p.8）

※使用自制模型纸（p.22）扣形、烘焙

● 糖霜

中央部分（GY+MG）/中间

外侧（GY+MG+BR）/中间

种子（GY+MG各少量）/硬质

1

首先画出中央部分（种子部分以外）。

2

完全晾干以后用粗线画出外侧轮廓，然后画出种子。

※（ ）中是每种颜色的简称（请参考p.13）。硬质、中间、软质，指糖霜的软硬程度（p.11）。

番茄

材料

基础饼干材料（p.8）

※使用自制模型纸（p.22）扣形、烘焙

●**糖霜**

轮廓线、底色（CR+BL）/软质

根蒂（MG+BL）/硬质

1

2

首先描绘出番茄形状的轮廓，晾干以后填充上半部底色。

完全晾干以后，继续填充剩余部分的底色。小心底色不要溢出到轮廓线外面，这样晾干以后呈现出的浑圆效果更理想。晾干以后描绘根蒂部分。

黄色彩椒

材料

基础饼干材料（p.8）

※使用自制模型纸（p.22）扣形、烘焙

●**糖霜**

轮廓线、底色（GY较多+OR+BR）/软质

根蒂（MG+GY+BR）/中间

红色彩椒

材料

基础饼干材料（p.8）

※使用自制模型纸（p.22）扣形、烘焙

●**糖霜**

轮廓线、底色（CR+BL）/软质

根蒂（MG+GY+BR）/中间

与南瓜的绘制方法相同，首先描绘出轮廓，晾干以后间隔着填充底色。完全晾干以后，继续填充剩余部分的底色。再次晾干以后描绘根蒂部分。

橙色彩椒

材料

基础饼干材料（p.8）

※使用自制模型纸（p.22）扣形、烘焙

●**糖霜**

轮廓线、底色（GY+OR较多+BR）/软质

根蒂（MG+GY+BR）/中间

小仓千纮女士的网上商店

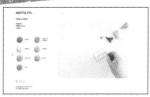

http://www.antolpo.com

至今为止的
作品集

【ANTOLPO】

原创糖霜点心的网店，可以与客户共同商定款式和尺寸。不定期举办手工制作品集市。回头客很多哦！

村山枝里女士的
花样饼干

Eri's

时装秀系列

Recipe ▶ p.66

FASHION SHOW
时尚秀

MOUNTAIN CLIMBING

Eri's

登山系列

Recipe ▶ p.67

爱丽丝梦游仙境

Recipe ▶ p.68

Eri's

人鱼公主

Recipe ▶ p.69

LITTLE MERMAID

FASHION SHOW 时装秀

橙色蝴蝶结女孩

材料
基础饼干材料（p.8）
※使用市面销售的女孩子模型扣形、烘焙

● **糖霜**
轮廓线、蝴蝶结的轮廓（WH）/中间
头发的底色（BR）/软质
衣服、领子、鞋、红脸蛋、头花（PI）/软质
蝴蝶结（OF）/软质
眼睛、鼻子、嘴巴（BC）/硬质

1

首先勾勒出女孩子的轮廓线。

2

填充头发、衣服部分的底色。衣服部分底色完全晾干以后，画出衣服的领子。

3

描绘鞋子，然后在衣服上画出蝴蝶结的白色轮廓线，填充底色。最后画出红脸蛋、头花、眼睛、鼻子、嘴巴。

白色蝴蝶结女孩

材料
基础饼干材料（p.8）
※使用市面销售的女孩子模型扣形、烘焙

● **糖霜**
轮廓线、蝴蝶结的轮廓（WH）/中间
头发的底色（BR）/软质
衣服（OR）/软质
红脸蛋、蝴蝶结中心（PI）/软质
领子、鞋（RB）/软质
蝴蝶结（WH）/软质
眼睛、鼻子、嘴巴（BC）/硬质

戴眼镜的蓝裙子女孩

材料
基础饼干材料（p.8）
※使用市面销售的女孩子模型扣形、烘焙

● **糖霜**
轮廓线、眼镜轮廓（WH）/中间
头发的底色（BR）/软质
衣服底色、眼镜（RB）/软质
衣服上的花朵图案（WH、OR）/软质
发卡（OR）/软质
鼻子、嘴巴（BC）/硬质

1

首先勾勒出女孩子和眼镜的轮廓线，然后填充头发底色。

2

填充眼镜、衣服部分的底色。衣服部分底色完全晾干以后，用白色糖霜画出衣服上的花朵图案，在花朵中间点缀一个橙色糖霜的圆点。最后画出发卡、鼻子和嘴巴。

戴眼镜的粉裙子女孩

材料
基础饼干材料（p.8）
※使用市面销售的女孩子模型扣形、烘焙

● **糖霜**
轮廓线、眼镜轮廓（WH）/中间
头发的底色（BR）/软质
衣服底色、发卡（PI）/软质
眼镜（RB）/软质
衣服上的花朵图案（WH、OR）/软质（OR）/软质
鼻子、嘴巴（BC）/硬质

戴围巾的女孩

材料
基础饼干材料（p.8）
※使用市面销售的女孩子模型扣形、烘焙

● **糖霜**
轮廓线、围巾的轮廓（WH）/中间
头发的底色（BR）/软质
衣服底色（OR）/软质
围巾、围巾上的格子花纹、鞋、红脸蛋（PI）/软质
眼睛、鼻子、嘴巴（BC）/硬质

1

首先勾勒出女孩子和围巾的轮廓线，然后填充头发和衣服的底色。

2

衣服部分底色完全晾干以后，填充围巾、鞋子的底色。

3

描绘眼睛、鼻子、嘴巴。围巾底色完全晾干以后，用比底色稍浅一点儿的粉色糖霜画出格子花纹。最后描绘红脸蛋儿。

MOUNTAIN CLIMBING 登山系列

※（ ）中是每种颜色的简称（请参考p.13）。硬质、中间、软质，指糖霜的软硬程度（p.11）。

 富士山

材料
基础饼干材料（p.8）
※使用原创模型纸（p.70）扣形、烘焙

●**糖霜**
轮廓线、文字（BC）/硬质
山顶的雪（WH）/软质
下半部分的山（RB）/软质

1

在饼干的周围画出山的轮廓和积雪的轮廓。填充积雪底色。

2

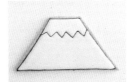

完全晾干以后，填充下半部分山体的底色。

3

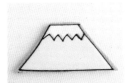

完全晾干以后，再次描绘山的轮廓和积雪的轮廓，形成凸起边沿。最后用糖霜在山上写出文字。

 男孩子

材料
基础饼干材料（p.8）
※使用市面销售的男孩子模型扣形、烘焙

●**糖霜**
轮廓线、头发、双肩包、护腿、面部五官、上衣线条（BC）/中间
上衣、帽子的横线条、鞋的横线条（CR较多）/软质
帽子、短裤（OR）/软质
手套、鞋（BR）/软质

1

画出男孩子的轮廓，填充双肩包和护腿的底色。描绘头发部分的糖霜。

2

完全晾干以后，填充上衣、帽子、短裤的底色。完全晾干以后，继续填充手套、鞋的底色。

3

完全晾干以后，描绘鞋和帽子的横线。用黑色糖霜勾勒上衣的轮廓线。最后用糖霜画好眼睛、鼻子和嘴巴。

 自行车

材料
基础饼干材料（p.8）
※使用原创模型纸（p.70）扣形、烘焙

●**糖霜**
车把、车座、车体的小圆点、车轮子的辐条（BC）/硬质
车体轮廓线（CR较多）/中间
车体的底色（CR较多）/软质
车轮的轮廓线（GY）/中间
车轮的底色（GY）/软质

1

分别用不同颜色的糖霜勾勒出车把、车座、车体、车轮的轮廓，然后用红色糖霜填充车体部分的底色。

2

完全晾干以后，填充车把、车座、车轮的底色。描绘车体的黑色圆点。最后画出车轮中央的辐条。

材料与做法

ALICE IN WONDERLAND 爱丽丝梦游仙境

 爱丽丝

材料
基础饼干材料（p.8）
※使用原创模型纸（p.70）扣形、烘焙
● 糖霜
面部、围裙、袜子的轮廓（WH）/中间
头发轮廓线（GY）/中间
头发的底色（GY）/软质
连衣裙轮廓线（RB）/软质
围裙、袜子的底色（WH）/软质
面部五官、头发上的蝴蝶结、腰带、鞋（BC）/硬质
红脸蛋（PI）/软质
围裙和袖子上的小圆点（WH）/硬质

1

分别用不同颜色的糖霜勾勒出各部分的轮廓。晾干以后用底色的糖霜填充头发部分的底色。

2

完全晾干以后，填充各个部分的底色。趁没干，把围裙、袜子部分的底色也都涂好。完全晾干以后，再填充连衣裙腰带、鞋子部分的底色。

3

画出眼睛、鼻子、嘴巴、红脸蛋儿。描绘头上蝴蝶结，最后在围裙和袖子上点缀小圆点。

 扑克牌

材料
基础饼干材料（p.8）
※使用市面销售的四方形模型扣形、烘焙
● 糖霜
轮廓线（WH）/中间
底色（WH）/软质
字母、心形（CR较多）/硬质

首先沿着饼干边缘性状勾勒出轮廓线，然后填充底色。完全晾干以后，画出字母"A"和中央的心形。

 EAT ME饼干

材料
基础饼干材料（p.8）
※使用市面销售的花形模型扣形、烘焙
● 糖霜
轮廓线（WH）/中间
底色（WH）/软质
字母（BC）/硬质
心形（CR较多）/硬质
周围的边缘线（VL较多+CR）/软质

首先沿着饼干边缘性状勾勒出轮廓线，然后填充底色。完全晾干以后，画出字母"A"和中央的心形。最后在周围勾勒粗线条形成立体边缘线。

 **茶壶&茶杯**

材料
基础饼干材料（p.8）
※使用市面销售的茶具形模型扣形、烘焙
花形糖片（花形裱花嘴/WH/p.21）
● 糖霜
轮廓线、糖片粘贴用（VL较多+CR）/中间
底色（VL较多+CR）/软质
周围边缘线（BC）/硬质
心形（CR较多）/硬质
周围的边缘、糖片中央的小圆点（VL较多+CR·比底色更浓一些）/硬质

首先沿着饼干边缘性状勾勒出轮廓线，然后用糖霜填充底色。完全晾干以后在周围勾勒粗线条形成立体边缘线。完全晾干以后在糖片中央点缀一个小圆点。

LITTLE MERMAID 小装饰物

 小星星

材料
基础饼干材料（p.8）
※使用市面销售的星形模型扣形、烘焙
● 糖霜
轮廓线（VL+CR）/中间
底色（VL+CR）/软质
周围边缘线、小圆点（VL较多+CR）/硬质

首先沿着饼干边缘性状勾勒出轮廓线，然后用糖霜填充底色。完全晾干以后在周围勾勒粗线条形成立体边缘线，最后描绘小圆点。

人鱼公主

材料

基础饼干材料（p.8）

※使用市面销售的美人鱼模型扣形、烘焙

花形糖片（花型裱花嘴/WH/p.21）

● **糖霜**

头发轮廓线（GY）/中间

头发的底色（GY）/软质

鱼尾部分的轮廓、胸部、胸部花纹（VL较多+CR）/中间

鱼尾部分的底色（VL较多+CR）/软质

鱼鳞的图案（VL较多+CR·比底色更浓一些）/硬质

面部、受伤的线条、手腕上的圆点、糖片上的圆点、糖片粘贴用（WH）/中间

面部五官（BC）/硬质

1

分别用不同颜色的糖霜勾勒出头发和下半部鱼尾的轮廓，再分别用不同颜色的糖霜填充底色。

2

描绘胸部，用白色糖霜画出手臂的白色线条和手腕上的圆点，勾勒面部线条。画出鱼鳞图案。

3

画出面部五官，胸部完全晾干以后画出花纹图案。在糖片中心点缀上白色的花芯，然后用粘贴用糖霜固定在头发上。

贝壳

材料

基础饼干材料（p.8）

※使用市面销售的贝壳型模型扣形、烘焙

● **糖霜**

轮廓线（VL+CR）/中间

底色（VL+CR）/软质

贝壳的花纹（WH）/软质

边缘线条、小圆点（VL较多+CR）/硬质

首先沿着饼干边缘性状勾勒出轮廓线，然后用糖霜填充底色。趁着还没有晾干，用白色糖霜画出横向线条。然后用竹签向一个方向划出印痕。完全晾干以后在周围勾勒粗线条形成立体边缘线，最后描绘小圆点。

小鱼

材料

基础饼干材料（p.8）

※使用原创小鱼型模型纸（p.70）扣形、烘焙

● **糖霜**

轮廓线（CR）/中间

底色（CR）/软质

尾部的线条（WH）/硬质

眼睛（BC）/硬质

首先沿着饼干边缘性状勾勒出轮廓线，然后用糖霜填充底色。完全晾干以后勾勒出尾部的线条，最后画出眼睛。

模型纸②

p.63
自行车

p.64
爱丽丝

p.63
富士山

p.73
心形

p.65
小鱼

p.76
装饰品

p.76
装饰品（小）

p.76
装饰品（大）

p.80
蓝色条纹包装的礼物

p.80
白色的礼物

p.80
粉色蝴蝶结包装的礼物

p.80
绿色的礼物

p.80
白色条纹的礼物

p.76
星星装饰品（小）

p.76
星星装饰品（大）

p.80
粉色的礼物

p.85
万圣节南瓜

p.85
黑猫

特别日子的糖霜
饼干礼物

情人节、生日的时候，亲手做一些糖霜饼干送给他吧。
一定能让对方感受到"全世界仅此一枚"的独特魅力。
每一枚都是用心呈现出的可爱小饼干哦。

VALENTINE
情人节系列

I LOVE YOU

Eri's

情人节系列①

Recipe ▶ p.74

Chihiro's

情人节系列②

Recipe ▶ p.75

材料与做法

Valentine 情人节

 红唇爱心

材料

基础饼干材料（p.8）

※使用市面销售的心形模型扣形、烘焙

● 糖霜

轮廓线（WH）/中间

底色（CR）/软质

嘴唇（CR较多）/中间

眼睛（BC）/硬质

1

首先沿着饼干边缘性状勾勒出轮廓线，然后填充底色。完全晾干以后，画出嘴唇。

2

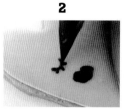

画出眼睛。

 胡须爱心

材料

基础饼干材料（p.8）

※使用市面销售的心形模型扣形、烘焙

● 糖霜

轮廓线（WH）/中间

底色（CR）/软质

嘴唇（CR较多）/中间

眼睛（BC）/硬质

1

首先沿着饼干边缘性状勾勒出轮廓线，然后填充底色。完全晾干以后，画出胡须。

2

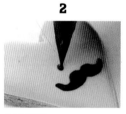

画出眼睛。

 【 I LOVE YOU 】

材料

基础饼干材料（p.8）

※使用市面销售的文本框模型扣形、烘焙

立体蝴蝶结弹片（PI/p.93）

● 糖霜

轮廓线（GWH）/中间

底色（MG）/软质

蝴蝶结粘贴用（MG）/中间

文字（BC）/硬质

1

首先沿着饼干边缘性状勾勒出轮廓线，然后填充底色。

2

完全晾干以后，描绘出文字。首先画出直线部分，然后在线条的边缘勾勒出小三角，增添细腻效果。

3

挤出一些粘贴用糖霜，把蝴蝶结固定在上面。

※（）中是每种颜色的简称（请参考p.13）。硬质、中间、软质，指糖霜的软硬程度（p.11）。

千鸟格子图案

材料
基础可可饼干材料（p.9）
※切成4cm的小方块后烘焙
● 糖霜
轮廓线、底色（BC）/软质
白色图案（BR+GY+BL各少量）/
软质

1

2

首先沿着饼干边缘性状勾勒出轮廓线，晾干以后填充底色。趁还没干，画出小正方形图案。

趁没干，画出斜条纹。最后一气呵成，快速地画出条纹是关键。

巧克力风

材料
基础可可饼干材料（p.9）
※切成4cm的小方块后烘焙
● 糖霜
轮廓线、底色（BC）/软质
制作方法
沿着饼干边缘性状勾勒出轮廓线，晾干以后填充底色。

英伦格子

材料
基础可可饼干材料（p.9）
※切成4cm的小方块后烘焙
● 糖霜
轮廓线、底色（BR+OR+BC）/
软质
菱形图案（CR+BR+BC）/软质
斜线（BC+BR）/软质

1

2

首先沿着饼干边缘性状勾勒出轮廓线，晾干以后填充底色。趁还没干，画出菱形图案。趁没干，用竹签把菱形的上下、左右角之间都连在一起。

趁没干，画出斜线条。

线条图案

材料
基础可可饼干材料（p.9）
※切成4cm的小方块后烘焙
● 糖霜
轮廓线、底色（BC+BR）/软质
竖线线条（BR+OR+BC）/软质

红色心形饼干

材料
基础可可饼干材料（p.9）
※使用原创模型纸（p.70）扣形、烘焙
● 糖霜
轮廓线、底色（CR+BR+BL）/
软质
制作方法
沿着饼干边缘性状勾勒出轮廓线，晾干以后填充底色。

白色心形饼干

材料
基础可可饼干材料（p.9）
※使用原创模型纸（p.70）扣形、烘焙
● 糖霜
轮廓线、底色（GY+BR+BL各极少量）/软质
制作方法
沿着饼干边缘性状勾勒出轮廓线，晾干以后填充底色。

沿着饼干边缘性状勾勒出轮廓线。趁着底色未干，勾勒出纵向线条。

Chihiro's

圣诞系列①

Recipe ▶ p.78

Mika's

圣诞系列②

Recipe ▶ p.79

CHRISTMAS

材料与做法

CHRISTMAS 圣诞节

图案装饰物

材料

基础饼干材料（p.8）

※使用原创模型纸（p.70）扣形，上部开孔后烘焙

●**糖霜**

轮廓线、底色（CR+VL+BL）/软质

中间的图案（CR+VL+BL较多）/软质

上部的图案（GY+OR+BL）/硬质

1

描绘轮廓，晾干以后填充底色。在底色晾干以前画出图案。

2

完全晾干以后，在孔洞周围画出线条，然后下面画出钻石图案，继续在钻石图案下面画出图案。最后画出纵向线条。

3

完全晾干以后，在钻石上画出小圆点，接着在下面花纹处画上横线。下面再画出一排小圆点。

红色装饰物

材料

基础饼干材料（p.8）

※使用原创模型纸（p.70）扣形，上下部开孔后烘焙

●**糖霜**

轮廓线、底色（CR+VL+BL）/软质

上下的图案（GY+OR+BL）/硬质

黄色装饰物

材料

基础饼干材料（p.8）

※使用原创模型纸（p.70）扣形，上下部开孔后烘焙

●**糖霜**

轮廓线、底色（GY较多+OR+BL）/软质

中间的线条、图案（GY+OR+BL）/硬质

1

描绘轮廓，晾干以后填充底色。完全晾干以后，描绘线条和图案。

2

完全晾干以后，在上下的孔洞周围画出线条和横线。完全晾干以后，再画出一排小圆点。

白色装饰物①

材料

基础饼干材料（p.8）

※使用原创模型纸（p.70）扣形，上下部开孔后烘焙

●**糖霜**

轮廓线、底色（GY+BR+BL各极少量）/软质

上下的图案（GY+OR+BL）/硬质

绿色装饰物

材料

基础饼干材料（p.8）

※使用原创模型纸（p.70）扣形，切掉下部凸出部分，在上部开孔后烘焙

●**糖霜**

轮廓线、底色（MG+OR+BL）/硬质

上半部分的图案（GY+OR+BL）/硬质

※底色完全晾干以后再勾勒中间的线条。

白色装饰物②

材料

基础饼干材料（p.8）

※使用原创模型纸（p.70）扣形，上部开孔后烘焙

●**糖霜**

中央部分（GY+BR+BL各极少量）/软质

上部的图案（GY+OR+BL）/硬质

※首先在上面孔洞的周围画出线条，填充好下面图案的底色，完全晾干以后再勾勒纵向线条。再次晾干以后，描绘小圆点。再次晾干以后画出最后两条横线条。

星星装饰物

材料

基础饼干材料（p.8）

※使用原创模型纸（p.70）扣形，上部开孔后烘焙

●**糖霜**

轮廓、底色（GY+OR+BL）/软质

上部的图案（GY+OR+BL）/硬质

※首先在上面孔洞的周围画出线条，完全晾干以后再画出小圆点。

圣诞树

材料
基础饼干材料（p.8）
※使用市面销售的圣诞树模型扣形、烘焙
彩色糖粒、银箔
椰蓉（粉末状）

● **糖霜**
轮廓线、英文字母、图案、糖粒粘贴
用（WH）/中间
底色、椰蓉粘贴用（WH）/软质

1

首先描绘出圣诞树形状的轮廓，晾干以后填充底色糖霜。完全晾干以后，描绘装饰物图案。再次完全晾干以后描绘斜线条。趁没干撒上银箔。

2

在圣诞树上挤出粘贴用的糖霜，趁没干把糖粒固定在表面，然后写好英文字母。

3

沿着圣诞树轮廓线画出上边的装饰物轮廓，趁没干撒上椰蓉粉。完全晾干以后用小刷子扫掉多余的椰蓉。

雪花

材料
基础饼干材料（p.8）
※使用市面销售的结晶型模型扣形、烘焙
彩色糖粒、银箔
椰蓉（粉末状）

● **糖霜**
轮廓线、底色（WH）/中间
底色（WH）/软质

1

首先沿着饼干的形状勾勒出雪花形状的轮廓，晾干以后填充底色糖霜。

2

在结晶部位画出细致的图案。

3

在中央部分画出图案，趁没干撒上糖粒和银箔，然后把糖粒固定在中间。

麋鹿

材料
基础饼干材料（p.8）
※使用市面销售的麋鹿型模型扣形、烘焙
心形糖片

● **糖霜**
轮廓线、糖片粘贴用、鹿角的模样
（WH）/中间
底色（WH）/软质
背部花纹图案（CR+BR）/中间

1

首先用糖霜描绘出麋鹿的轮廓，晾干以后用糖霜填充底色。

2

完全晾干以后，在背部的线条上挤出小圆点，描绘花纹。

3

画出鹿角的图案，在心形糖片的背面涂抹粘贴用糖霜，然后固定在麋鹿的鼻子部位。

生日系列①

Recipe ▶ p.82

生日系列②

Recipe ▶ p.83

Happy
Birth day

BIRTHDAY

BIRTHDAY 生日

粉色礼物

材料

基础饼干材料（p.8）

※使用原创模型纸（p.70）扣形、烘焙

● 糖霜

轮廓线、底色（CR+BR+BL）/软质

小圆点（BR+BL+RB）/软质

蝴蝶结（BR+BL+RB）/中间

1

勾勒下部的轮廓线，晾干以后填充底色。趁底色尚未晾干，描绘小圆点。完全晾干以后，填充上部正中心的底色，趁底色尚未晾干描绘小圆点。

2

完全晾干以后，画好蝴蝶结。

白色礼物

材料

基础饼干材料（p.8）

※使用原创模型纸（p.70）扣形、烘焙

● 糖霜

轮廓线、底色（BR+BL+GY）/软质

蝴蝶结（GY+BR+BL）/硬质

勾勒的轮廓线，晾干以后填充底色。完全晾干以后，画好蝴蝶结。

白色条纹包装纸的礼物

材料

基础饼干材料（p.8）

※使用原创模型纸（p.70）扣形、烘焙

● 糖霜

轮廓线、底色（BR+BL+GY）/软质

纵向条纹（BR+BL+RB）/软质

蝴蝶结（BR+BL+RB）/中间

勾勒盒子下半部分的轮廓线，填充底色。趁底色尚未晾干，描绘线条。完全晾干以后，在盒子上半部分也画出同样的轮廓、底色和线条。完全晾干以后勾勒蝴蝶结的轮廓，在下面画出线条。完全晾干以后画出两侧蝴蝶结的丝带，上面的纵线晾干以后画出丝带打结处的圆点。

蓝色条纹包装纸的礼物

材料

基础饼干材料（p.8）

※使用原创模型纸（p.70）扣形、烘焙

● 糖霜

轮廓线、底色（BR+BL+RB较多）/软质

纵向条纹（BR+BL+RB）/软质

蝴蝶结（BR+BL+GY）/中间

勾勒盒子下半部分的轮廓线，填充底色。趁底色尚未晾干，描绘线条。完全晾干以后，在盒子上半部分也画出同样的轮廓、底色和线条。完全晾干以后画出蝴蝶结上部正中间的弧线，在下面画出线条。完全晾干以后画出两侧蝴蝶结的丝带，上面的纵线晾干以后画出丝带打结处的圆点。

粉色蝴蝶结的礼物

材料

基础饼干材料（p.8）

※使用原创模型纸（p.70）扣形、烘焙

● 糖霜

轮廓线、底色（BR+BL+RB）/软质

纵向条纹（BR+BL+RB较多）/软质

蝴蝶结（CR+BR+BL）/软质

绿色的礼物

材料

基础饼干材料（p.8）

※使用原创模型纸（p.70）扣形、烘焙

● 糖霜

轮廓线、底色（BR+BL+RB）/软质

蝴蝶结（BR+BL+GY）/硬质

蓝色的礼物

材料

基础饼干材料（p.8）

※切出3.5cm的方形饼干面片烘焙

● 糖霜

轮廓线、底色（BR+BL+RB）/软质

蝴蝶结（BR+BL+GY）/硬质

制作方法

勾勒轮廓线，晾干以后填充底色。完全晾干以后描绘蝴蝶结。

勾勒轮廓线，晾干以后填充底色。趁底色未干描绘纵向条纹。完全晾干以后描绘斜向丝带，丝带晾干以后画出蝴蝶结的轮廓曲线，然后画出蝴蝶结下面的2条丝带，最后，点缀丝带打结部位的圆点。

勾勒轮廓线，晾干以后填充底色。完全晾干以后描绘蝴蝶结。

生日快乐标签

材料

基础饼干材料（p.8）

※切出3cm×12cm的方形饼干面片烘焙

● 糖霜

轮廓线、底色（BR+BL+GY各少量）/软质

字母（BC）/硬质

制作方法

勾勒轮廓线，晾干以后填充底色。完全晾干以后描绘文字。

材料与做法

生日蛋糕杯

材料
基础饼干材料（p.8）
※使用市面销售的杯蛋糕模型扣形、烘焙

●糖霜
整体的轮廓线（WH）/中间
奶油部分的底色（WH）/软质
蛋糕部分的底色（PI）/软质
蜡烛（GY）/软质
奶油和蛋糕的交界线（WH）/硬质
蜡烛火苗（CR较多）/软质
奶油小圆点（GY）/硬质
文字（BC）/硬质

1

勾勒出奶油部分的轮廓，然后填充底色。

2

勾勒出蛋糕、蜡烛部分的轮廓线，分别填充底色。完全晾干以后，描绘出奶油与蛋糕之间的分界线。

3

描绘蜡烛的火苗。画出奶油上面的小圆点。最后在蛋糕部分写出文字。

戴王冠的小女孩

材料
基础饼干材料（p.8）
※使用市面销售的女孩子、王冠型模型扣形后，粘贴在一起烘焙（可以稍微蘸水保证连接效果牢固）
花形糖片，彩色糖粒

●糖霜
整体轮廓线（WH）/中间
服装底色（WH）/软质
王冠底色、领子、袖子上的圆点（GY）/硬质
服装上的圆点、王冠的横线、鞋子、糖粒粘贴用（CR较多）/中间
头发、面部五官（BC）/硬质
红脸蛋、花片粘贴用（PI）/中间

1

勾勒轮廓后填充头发部分的底色，画出眼睛、鼻子、嘴巴。完全晾干以后勾勒王冠的轮廓，然后填充底色。同样先勾勒裙子的轮廓，填充底色。完全晾干以后画出领子。

2

在裙子的袖子处描绘小圆点，用红色糖霜在王冠下面画出横条纹，在裙子上描绘小圆点。

3

描绘鞋子、红脸蛋儿，在糖片背面涂抹粘贴用糖霜，然后将其固定在头发处。在王冠顶部挤一些粘贴用糖霜，把糖粒固定在上面。

蝴蝶

材料
基础饼干材料（p.8）
※使用市面销售的蝴蝶型模型扣形、烘焙

●糖霜
轮廓线（WH）/中间
底色（WH）/软质
小圆点（PI）/硬质

1

沿着饼干的边缘绘制出蝴蝶轮廓，然后用糖霜填充底色。

2

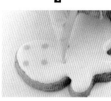

趁底色未干，描绘粉色小圆点。

婚礼系列

Recipe ▶ p.86

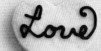

WEDDING

HALLOWEEN

Recipe ▶ p.87

Chihiro's

万圣节系列

材料与做法

WEDDING 婚礼系列

婚纱

材料

基础饼干材料（p.8）
※使用市面销售的晚礼服型模型扣形、烘焙
玫瑰花裱花嘴（IOI）
糖粒（大、小）

● 糖霜
上半身轮廓线、糖粒粘贴用（WH）/中间
上半身底色（WH）/软质
下半身的婚纱褶皱（WH）/硬质

1
首先描绘婚纱上半身的轮廓，晾干以后用糖霜填充底色。

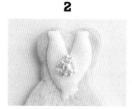
2
完全晾干以后，用粘贴用糖霜把彩色糖粒固定在胸口中央。

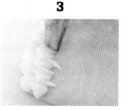
3
把婚纱褶皱用的糖霜装入裱花袋，装配玫瑰花裱花嘴。用裱花嘴圆润的一侧向下，反复伸、收手腕形成褶皱花纹。反复操作，让褶皱布满整个裙摆。

花束

材料

基础饼干材料（p.8）
※使用市面销售的甜筒冰淇淋形模型扣形、烘焙
星星裱花嘴、绸缎蝴蝶结（红色）

● 糖霜
花束下面把手的轮廓线、蝴蝶结粘贴用（WH）/中间
把手的底色（WH）/软质
玫瑰花（WH、BD）/硬质
小叶子（LG）/硬质

1
把星星裱花嘴装配在裱花袋上，然后装入一半白色的糖霜。用刮刀蘸取少量BD色素，轻轻涂在白色糖霜侧面。

2
勾勒把手部分的轮廓，晾干以后用糖霜填充底色。完全晾干以后，在**1**的内侧画出同心圆，形成玫瑰花的样子。

3
把小叶子用的绿色糖霜装入小卷筒，卷筒头部剪成V字形。向外挤糖霜的时候，俯视看到的形状就像鸟喙一样。

4
在花朵中间挤出绿色的小叶子。卷筒出口与头部呈45°角，挤出小叶子以后快速提其小卷筒（小叶子的主要目的是把花朵连接在一起），然后把蝴蝶结粘贴在把手上。
※蝴蝶结为装饰物，不可食用。

婚礼蛋糕

材料

基础饼干材料（p.8）
※使用市面销售的婚礼蛋糕型模型扣形、烘焙
大、中、小号的花形糖片（WH/p.93）、糖粒

● 糖霜
轮廓线、糖粒与花朵粘贴用（PI+BR）/中间
底色（PI+BR）/软质
小圆点、蕾丝花纹（WH）/中间
文字（CR较多+BR）/中间

1
勾勒蛋糕轮廓，晾干以后用糖霜填充底色。完全晾干以后在上、下分别点出小圆点。

2
描绘蕾丝花纹，在上面绘制英文字母。

3
用糖霜把大、中、小的花朵糖片黏在一起，做成2套立体的花朵装饰物。分别在2朵中号花朵的中间挤一点儿糖霜，把糖粒固定在上面。完全晾干以后，用糖霜把立体花朵装饰物固定在饼干上。

HＡLLOWEEN 万圣节系列

万圣节南瓜

材料
基础可可饼干材料（p.9）
※使用原创的南瓜形纸（p.70）扣形、烘焙
●糖霜
轮廓线、底色（OR+GY+BR）/软质
瓜蒂（MG+BL）/中间

※（）中是每种颜色的简称（请参考p.13）。硬质、中间、软质，指糖霜的软硬程度（p.11）。

1

勾勒南瓜轮廓，晾干以后用糖霜间隔着填充底色。不要同时填满整个南瓜，要分段填充。

2

晾干以后再填充剩余部分的底色。完全晾干以后，再用糖霜画出瓜蒂。

黑猫

材料
基础可可饼干材料（p.9）
※使用原创的小猫型纸（p.70）扣形、烘焙
●糖霜
轮廓线、底色（BC）/软质
制作方法
沿着饼干边缘处勾勒出圆形轮廓，晾干后填充底色。

黑色&文字饼干

材料
基础可可饼干材料（p.9）
※使用市面销售的小圆形模型扣形、烘焙
●糖霜
轮廓线、底色（BC）/软质
周边线条、文字（GY+OR+BL）/硬质

首先在饼干边缘处勾勒出圆形轮廓，晾干后填充底色。完全晾干以后再次用糖霜勾勒一次轮廓。完全晾干以后，再重复勾勒一次轮廓，最后在中心写出文字。

橙色&文字饼干

材料
基础可可饼干材料（p.9）
※使用市面销售的小圆形模型扣形、烘焙
●糖霜
轮廓线、底色（OR+GY+BR）/软质
周边线条、文字（GY+OR+BL）/硬质

条纹&文字饼干

材料
基础可可饼干材料（p.9）
※使用市面销售的小圆形模型扣形、烘焙
●糖霜
轮廓线、底色（GY+BR+BL各极少量）/软质
条纹线条（BC）/软质
周边线条、文字（GY+OR+BL）/硬质

首先在饼干边缘处勾勒出圆形轮廓，晾干后填充底色。趁底色尚未晾干时，画出纵向线条。完全晾干以后，再次用糖霜勾勒一次圆形轮廓。完全晾干以后，再重复勾勒一次轮廓，最后在中心写出文字。

菱形花纹&文字饼干

材料
基础可可饼干材料（p.9）
※使用市面销售的小圆形模型扣形、烘焙
●糖霜
轮廓线、底色（GY+BR+BL各极少量）/软质
菱形图案（BC）/软质
周边线条、文字（GY+OR+BL）/硬质

1

首先在饼干边缘处勾勒出圆形轮廓，晾干后填充底色。趁底色尚未晾干时，画出一半数量的菱形图案。

2

趁底色尚未晾干时，用竹签把菱形图案之间的上下左右角分别连接在一起，然后同样画出其他菱形图案。完全晾干以后，再次用糖霜勾勒一次圆形轮廓。完全晾干以后，再重复勾勒一次轮廓，最后在中心写出文字。

宝宝欢迎派对系列

Recipe ▶ p.90

BABY SHOWER

Mika's

母亲节系列

Recipe ▶ p.91

MOTHER'S DAY

材料与做法

BABY SHOWER 宝宝欢迎派对

 NEW BABY

材料

基础饼干材料（p.8）
※使用模型扣形、烘焙
细砂糖

● **糖霜**

轮廓线、饼干粘贴用（CR）/中间
底色（CR）/软质
周围的线条（WH）/中间
头发、面部五官（BC）/硬质
红脸蛋、蝴蝶结（CR+VL）/硬质

1

首先勾勒轮廓线，然后用糖霜填充底色。

2

完全晾干以后，描绘头发、眼睛、鼻子、嘴巴和红脸蛋儿。

3

在饼干边缘和面部周围画出边缘线条，趁线条未干撒上细砂糖。完全晾干以后扫掉多余的细砂糖，画出蝴蝶结。在背面挤上粘贴用糖霜，黏在下面的圆形饼干上。

 圆形饼干

材料

基础饼干材料（p.8）
※使用市面销售的圆形模型扣形，再扣掉中间花形部分后烘焙
细砂糖

● **糖霜**

轮廓线（CR）/中间
底色（CR）/软质
文字、心形（CR+VL）/硬质
周围的线条、小圆点（WH）/中间

1

首先勾勒轮廓线，然后用糖霜填充底色。完全晾干以后描绘文字、心形和小圆点。

2

完全晾干以后，在饼干边缘画出线条，趁线条未干撒上细砂糖。完全晾干以后扫掉多余的细砂糖。

 圆点心形饼干

材料

基础饼干材料（p.8）
※使用市面销售的心形模型扣形、烘焙
细砂糖

● **糖霜**

轮廓线（CR）/中间
底色（CR）/软质
小圆点（WH）/硬质

勾勒轮廓线，然后用糖霜填充底色。完全晾干以后描绘小圆点，趁圆点未干撒上细砂糖。完全晾干以后扫掉多余的细砂糖。

 小狗宝宝

材料

基础饼干材料（p.8）
※使用市面销售的小狗形模型扣形、烘焙

● **糖霜**

轮廓线（WH）/中间
身体（WH）/软质
粉色小圆点、鼻子、蝴蝶结（CR+VL）/硬质
白色小圆点（WH）/硬质
眼睛、嘴巴（BC）/硬质

1

首先勾勒整体轮廓线，然后用糖霜填充身体部分底色。完全晾干以后填充衣服、鞋子部分的底色。

2

完全晾干以后，描绘围嘴。再次晾干以后画出白色和粉色的小圆点，接着画出眼睛、嘴巴和鼻子。

3

在耳朵旁边画出蝴蝶结。

MOTHER'S DAY 母亲节系列

※（ ）中是每种颜色的简称（请参考p.13）。硬质、中间、软质，指糖霜的软硬程度（p.11）。

母亲节心意卡

材料
基础饼干材料（p.8）
※使用市面销售的正方（曲线边缘）形模型扣形、烘焙

● 糖霜
轮廓线（BR）/中间
底色（BR）/软质
文字、小圆点、蕾丝花纹（WH）/中间

1

首先勾勒轮廓线，晾干以后用糖霜填充底色。

2

完全晾干以后，描绘英文字母。

3

在文字上下点缀上小圆点，最后在周围绘制出蕾丝花纹。

花篮

材料
基础饼干材料（p.8）
※使用市面销售的篮子形模型扣形、烘焙
玫瑰花裱花嘴（IOI）
花形糖片（玫瑰花裱花嘴IOIS/WH/p.21）

● 糖霜
轮廓线、提手（BR）/中间
底色（BR）/软质
藤条花纹（BR）/比硬质稍软
下面的底座部分（WH）/硬质
花朵中心的花蕊（GY）/中间
花片粘贴用（WH）/中间
小叶子（LG）/硬质
红色小花的小圆点（CR+BR）/中间

1

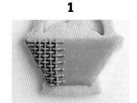

首先勾勒轮廓线，晾干以后用糖霜填充底色。完全晾干以后，在左端画出一条纵线，然后稍留间隔画出若干条平行的纵向线条，反复描绘出藤条花纹。

2

在提手部分描绘出若干水滴（p.17）图案。向装配了玫瑰花形裱花嘴（IOI）的裱花袋中装一些用来描绘褶皱的糖霜，从边缘处开始细细地左右移动，勾勒花纹形状。

3

在糖片中心点缀小圆点，完全晾干以后利用粘贴用糖霜固定在饼干表面。完全晾干以后，在花朵之间描绘绿色小叶子（请参考p.86），最后画出小圆点形成小红花。

礼品盒花篮

材料
基础饼干材料（p.8）
※使用市面销售的礼品盒形模型扣形、烘焙
玫瑰花裱花嘴（IOI）

● 糖霜
轮廓线（OR+BR）/中间
底色（OR+BR）/软质
盒子上面的线条（BR）/硬质
蝴蝶结（BR）/硬质
蝴蝶结的花纹（WH）/中间

1

首先勾勒轮廓线，晾干以后用糖霜填充左面的底色。完全晾干以后，再填充右面的底色。完全晾干以后填充上面，趁底色未干画出边缘线条。

2

完全晾干以后，向装配了玫瑰花形裱花嘴（IOI）的裱花袋中装一些用来描绘蝴蝶结的糖霜，用裱花嘴的宽面描绘蝴蝶结丝带。完全晾干以后，再描绘蝴蝶结的其他部分丝带。

制作立体装饰物
糖片的制作方法

本书中介绍的糖片制作方法，其实就像用橡皮泥做出立体的形状是一样的。
让糖片充分干燥，装饰在糖霜饼干上营造欢快气氛。

材料（约220g）
糖片粉…200g
水…20~25mL
食用色素（仅需要上色的场合）…少许

还有这样方面的材料

已经是橡皮泥一样的状态，只要用擀面杖擀开即可使用。完全不需要任何准备也能轻松做出糖片。
●Wilton公司出品

直到变得润滑为止，要一直仔细揉搓哦。

1

盆内装入糖片粉，慢慢把水加进去。用橡皮刮刀搅拌。

2

粉末和水充分融合以后，用手继续揉一揉。

3

成为面团以后转移到面板上，可以把整个身体的重量压在上面，仔细揉搓面团。

4

用手向两边拉扯，感觉到面团能柔软地舒展开来即可。

如果立即使用

糖片材料很容易干燥，需要用保鲜膜包裹起来。使用前取出需要的分量即可。

如果需要长期保存

用保鲜膜包起来，然后装入食品密封保鲜袋后放入冰箱内冷藏。保质期约为1个月。

上色

色素，真的只需要使用一点点！

1

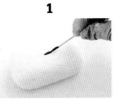

用竹签前端蘸取色素，涂在糖片面团表面。

2

用手不断拉扯揉搓面团，使颜色均匀分布开来。

3

颜色均匀地分布到整个面团上以后，就完工了。

塑形

时尚小道具

还需要这样的道具！

制作花瓣的曲线、勾勒细节处的线条时，会用到这样纤细的小工具。

模型

推动模型上部，糖片材料就能被推出来，边缘整齐漂亮。

建议使用薄质橡胶手套！

使用薄质橡胶手套，可以防止颜色染到手上，还能保证食品卫生。

塑形装饰物

1

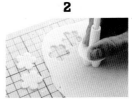

使用前需要再次用擀面杖把糖片材料擀开。在面板上撒一些糖粉，糖片材料放在上面擀成2mm的薄片。

2

扣出喜欢的形状。

3

使用时尚小道具，从花瓣外侧向内侧轻轻推过去，形成立体的花瓣效果。自然风干即可。

立体装饰物（蝴蝶结）

1

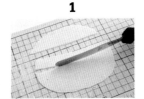

使用前需要再次用擀面杖把糖片材料擀开，放在上面擀成2mm的薄片，然后用刮刀切成带状。

2

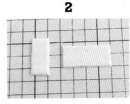

准备出大小不同的长方形。

3

把**2**中较大的长方形的中间黏在一起。

操作中避免干燥

糖片材料一旦干燥，就不能再次揉开了。所以使用过程中要小心保持材料的湿润效果。例如使用湿润的毛巾盖在上面等，才比较放心。

4

然后用**2**中较小的长方形包裹在中心部外面。

5

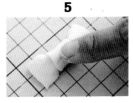

包裹好以后，轻轻按压使其固定。此时，可以在外面涂上水果酒（透明，酒精含量在40%以上的酒），保证结实的固定效果。

包装创意

简单可爱！

从小窗口探出脑袋，
有趣可爱

透明袋子带来的
"可视"效果

用彩色包装纸折出略大于饼干的包装袋，就好像饼干探出脑袋再向外窥视一样！再添加上"Cookie！！""Hello"等字样，别有一番情调。信手拈来，轻松简单。需要赠送大量回礼的时候，一次性多包装几个也不会累。

糖霜饼干本身就很可爱，所以还是推荐使用透明"可视"包装。装入透明袋子，再系上纸质蝴蝶结，高雅的包装效果。别忘了在饼干下面垫一张厚一点儿的卡纸，能增加强度，防止饼干碎掉哦。

用糖霜饼干作为礼物的时候，也要在包装上多下些工夫！本书中
介绍几款信手拈来却不失可爱情趣的包装方法。

也可以尝试一下用糖霜饼干作为包装亮点。礼品
包装好以后扎上蝴蝶结，同时饼干装入透明包装
袋中。在透明包装袋一面黏好双面胶，固定在蝴
蝶结上。是不是风情万种呢？

想把不同款式的几枚饼干放在一起包装时，可以选
取一个漂亮的盒子，垫上缓冲纸屑。这样才能有效
防止饼干碎掉。如果还不放心，也可以把饼干分别
包装以后再放入盒子里。选取同一风格饼干包装成
礼盒，也是独具匠心之处。

HAJIMETEDEMO KAWAIKUTSUKURERU
AISHINGUKUKKI AIDIACHO136
Copyright © Shufunotomo Co.,LTD. 2013
Original published in Japan by Shufunotomo Co.,LTD.
Through the EYA Beijing Representative Office
Simplified Chinese translation rights © 2016 Liaoning science nd
technology Publishing House Ltd.

© 2016，简体中文版权归辽宁科学技术出版社所有。

本书由Shufunotomo Co.，LTD. 授权辽宁科学技术出版社在
中国大陆独家出版简体中文版本。著作权合同登记号：
06-2014第185号。

版权所有·翻印必究

图书在版编目（CIP）数据

糖霜饼干136 /（日）小仓千纮，（日）田中美加，（日）村
山枝里著；张岚译.—沈阳：辽宁科学技术出版社，2016.2
ISBN 978-7-5381-9534-7

Ⅰ.①糖⋯ Ⅱ.①小⋯ ②田⋯ ③村⋯ Ⅲ.①饼干—制
作 Ⅳ.①TS213.2

中国版本图书馆CIP数据核字（2015）第316178号

出版发行：辽宁科学技术出版社
　　　　　（地址：沈阳市和平区十一纬路29号　邮编：110003）
印 刷 者：辽宁新华印务有限公司
经 销 者：各地新华书店　　幅面尺寸：185mm×210mm
印　　张：4　　　　　　　　字　　数：100千字
出版时间：2016年2月第1版　印刷时间：2016年2月第1次印刷
责任编辑：康 倩　　　　　　封面设计：袁 舒
拍　　摄：天方晴子　　　　　版式设计：袁 舒
责任校对：李淑敏

书　　号：ISBN 978-7-5381-9534-7
定　　价：28.00元

投稿热线：024-23284367　987642119@qq.com
邮购热线：024-23284502

Chihiro's
小仓千纮

毕业于日本辻糕点专业学校东京分校。在西式点心坊"贝尔格的四月"旗下的"Happy Birthday"蛋糕店工作了3年时间，之后开设网店"Petit Entrepot"。一边自学原创糖霜饼干，一边进行饼干的制作与销售。

Mika's
田中美加

幼年时期开始就在旅游过程中品尝了世界各地的甜点和美食。受其影响，踏上了自己创作美食的道路。5年前开始自学糖霜饼干的制作方法，随后展开了一系列的制作活动。2年前开始经营"Ciel d'avenir"饼干烘焙教室，同时进行饼干的制作与销售。

Eri's
村山枝里

毕业于日本多摩美术大学，在形象创意工作室工作了一段时间以后，开始在咖啡店学习点心制作。2010年创办"QwanQwan icing cookie shop"，之后的活动领域不断扩展，除了网络营销以外，也接受企业订单、活动展出，并接受了多家杂志的专访。同时还经营着自己的糖霜饼干教室。